EXAMPRESS®

Gold Oracle Database 12c Upgrade [新機能]
練習問題編

株式会社システム・テクノロジー・アイ　代田佳子

本書内容に関するお問い合わせについて

本書に関するご質問、正誤表については、下記の Web サイトをご参照ください。

　　ご質問　http://www.shoeisha.co.jp/book/qa/
　　正誤表　http://www.shoeisha.co.jp/book/errata/

インターネットをご利用でない場合は、FAX または郵便で、下記にお問い合わせください。

〒 160-0006　東京都新宿区舟町 5
（株）翔泳社 愛読者サービスセンター
FAX 番号：03-5362-3818

電話でのご質問は、お受けしておりません。

本書記載内容に関する制約について

本書は、「ORACLE MASTER Gold Oracle Database 12c」資格へアップグレードするための試験「Upgrade to Oracle Database 12c（1Z0-060）」に含まれる「セクション 1：Oracle Database 12c の新機能」に対応した学習書です。
「Upgrade to Oracle Database 12c（1Z0-060）」は、日本オラクル株式会社（以下、主催者）が運営する資格制度に基づく試験であり、一般に「ベンダー資格試験」と呼ばれているものです。「ベンダー資格試験」には、下記のような特徴があります。

　① 出題範囲および出題傾向は主催者によって予告なく変更される場合がある。
　② 試験問題は原則、非公開である。

本書の内容は、その作成に携わった著者をはじめとするすべての関係者の協力（実際の受験を通じた各種情報収集／分析など）により、可能な限り実際の試験内容に則すよう努めていますが、上記①・②の制約上、その内容が試験の出題範囲および試験の出題傾向を常時正確に反映していることを保証するものではありませんので、あらかじめご了承ください。

※ 著者および出版社は、本書の使用によるオラクル認定資格試験の合格を保証するものではありません。
※ 本書の出版にあたっては正確な記述に努めましたが、著者および出版社のいずれも、本書の内容に対してなんらかの保証をするものではなく、内容やサンプルに基づくいかなる運用結果に関してもいっさいの責任を負いません。
※ Oracle と Java は、Oracle Corporation 及びその子会社、関連会社の米国及びその他の国における登録商標です。
　 文中の社名、商品名等は各社の商標または登録商標である場合があります。
※ 本書に記載された URL 等は予告なく変更される場合があります。
※ 本書に掲載されている画面イメージなどは、特定の設定に基づいた環境にて再現される一例です。
※ 本書に記載されている会社名、製品名はそれぞれ各社の商標および登録商標です。
※ 本書では ™、©、® は割愛させていただいております。

本編の内容

　この「練習問題編」には、「Upgrade to Oracle Databese 12c」試験の「セクション1 Oracle Databese 12cの新機能」の練習問題が分野別に計202問収められています。

　各章の冒頭に、「本章の出題頻度」を「☆」「☆☆」「☆☆☆」「☆☆☆☆」の4段階で示しました。星の数の多さは、その分野からの出題数が多いことを表しています。

　各問題には、「重要度」を3段階で示しました。☆1つや2つは重要度が低いということではなく、試験に出題される問題を正解するために必要な知識を問う問題ですので、必ず正解できるようになりましょう。

　各章の始めに、学習日を記入する欄があります。

　また、各問題の解答の横に、正解できたかどうかをチェックしておくチェックボックスがあります。

　どちらも使わなくてもかまいませんが、日付やチェックマークを入れておくと、学習の進捗を図る目安になります。

　まだ本試験でも模擬試験でもありませんから、時間を気にする必要はありません。理解することを目標に、じっくり取り組んでください。

　それでは始めましょう。

iii

目次

目次

本編の内容 iii

1 本章の出題頻度 | ★
Enterprise Manager とツール　　　　　　1

2 本章の出題頻度 | ★★★★
マルチテナント　　　　　　6

3 本章の出題頻度 | ★★
情報ライフサイクル管理（ILM）　　　　　49

4 本章の出題頻度 | ★★★
セキュリティ　　　　　67

5 本章の出題頻度 | ★★★
高可用性　　　　　90

6 本章の出題頻度 | ★★★
管理性　　　　　108

7 本章の出題頻度 | ★★★
パフォーマンス　　　　　119

8 本章の出題頻度 | ★★★★
その他　　　　　143

索引 172

姉妹書のお知らせ

　本書の姉妹書として、『［ワイド版］オラクルマスター教科書 Gold Oracle Database 12c Upgrade［新機能］解説編』（ISBN978-4-7981-4597-6）がオンデマンドで刊行されています。

　また、本書内の「間違えたらここを復習」にある参照箇所は、この姉妹書の内容を指し示しています。

練習問題編

1 Enterprise Manager とツール

学習日		
/	/	/

本章の出題範囲は次のとおりです。

- Enterprise Manager Database Express
- インストール、構成、管理ツール

問題 1　重要度 ★★★

Oracle Enterprise Manager Cloud Control を構成後、追加されたデータベースをターゲットページに表示するための設定として正しいものを選択しなさい。

- A. Oracle Management Agent を再起動し、「ターゲットの追加」を使用して対象となるデータベースを追加する
- B. Oracle Management Agent を再起動することで、自動的にターゲットに追加される
- C. 「ターゲットの追加」を使用して対象となるデータベースを追加する
- D. データベースの作成と同時に、自動的にターゲットに追加される

解説

Enterprise Manager Cloud Control を中間層にインストールし、ターゲットホストに Oracle Management Agent（OMA）をインストールすることでターゲット検出が自動で行われています。しかし、ターゲットページから管理するには、別途「ターゲットの追加」処理が必要です（選択肢 C が正解、選択肢 D は不正解）。

なお、ターゲットの検出、追加のために OMA を再起動する必要はありません（選択肢 A と選択肢 B は不正解）。

　　間違えたらここを復習
→「1-1-1　Oracle Enterprise Manager Cloud Control」

正解：C

問題 2　重要度 ★★★

Oracle Enterprise Manager Database Express（EM Express）で実行できる管理機能を 3 つ選択しなさい。

- A. 記憶域管理
- B. セキュリティ管理

練習問題編

- ☐ C. 起動／停止
- ☐ D. バックアップ／リカバリ
- ☐ E. 構成管理

解説

EM Expressが対応している管理機能は、構成、記憶域、セキュリティ、パフォーマンスです（選択肢E、選択肢A、選択肢Bは正解）。

EM Expressのホームページは、対象となるデータベースがオープンしていることが前提です。起動や停止、バックアップ／リカバリといった機能は、Oracle Enterprise Manager Cloud Controlで提供されます（選択肢Cと選択肢Dは不正解）。

間違えたらここを復習

→「1-1-2　Oracle Enterprise Manager Database Express」

正解：A、B、E ☑☑☑

問題3　重要度 ★★★

EM Expressで実行できるパフォーマンス管理機能を3つ選択しなさい。

- ☐ A. SQL アクセスアドバイザ
- ☐ B. SQL チューニングアドバイザ
- ☐ C. ADDM
- ☐ D. ASH 分析
- ☐ E. AWR スナップショットレポート

解説

EM Expressで管理できるパフォーマンスページには、パフォーマンスハブとSQLチューニングアドバイザがあります（選択肢Bは正解）。「パフォーマンスハブ」ページからリアルタイムパフォーマンス監視やADDM、ASH分析などを実行することができます（選択肢C、選択肢Dは正解）。

SQLアクセスアドバイザやAWRスナップショットの管理は、Oracle Enterprise Manager Cloud Controlを使用します（選択肢Aと選択肢Eは不正解）。

間違えたらここを復習

→「1-1-2　Oracle Enterprise Manager Database Express」

▶参照
「7-2　ADDMとASHの拡張」

正解：B、C、D ☑☑☑

1 Enterprise Manager とツール

1

問題 4 　重要度 ★★★

　EM Express のアーキテクチャに関する説明として正しいものを 2 つ選択しなさい。

- ☐ A. 専用サーバー、共有サーバーのいずれの接続も可能
- ☐ B. 専用サーバー接続が使用される
- ☐ C. 共有サーバー接続が使用される
- ☐ D. データベース外に用意された EM Express サーブレット
- ☐ E. データベース内に組み込まれた EM Express サーブレット

解説

　EM Express の構成によって、Oracle Web Server（組み込み Web Server）上で動作する EM Express サーブレットが有効化されます（選択肢 E は正解、選択肢 D は不正解）。EM Express サーブレットによって認証、セッション管理、リクエストの処理が行われます。SQL 実行先としてデータベースが使用されます。Web ブラウザに XML ページとして結果が戻され、ブラウザ側でレンダリングされます。

　Oracle Web Server は XML DB によって提供されます。XML DB への接続には、ディスパッチャを経由した共有サーバー接続が必要です（選択肢 C が正解、選択肢 A と選択肢 B は不正解）。

■ 間違えたらここを復習

→「1-1-2　Oracle Enterprise Manager Database Express」

正解：C、E ☐☐☐

問題 5 　重要度 ★★★

　12.1 のデータベースは作成済みです。EM Express の構成を手動で行う際の操作として必要なものを 2 つ選択しなさい。

- ☐ A. XML DB コンポーネントのインストール
- ☐ B. XML DB 用のディスパッチャの構成
- ☐ C. DBMS_XDB_CONFIG.setHTTPsPort か DBMS_XDB_CONFIG.setHTTPPort によるポート設定
- ☐ D. ブラウザに SVG Viewer のインストール
- ☐ E. emca で EM Express を構成

解説

　EM Express では XML DB が必要ですが、12.1 のデータベースに XML DB コンポーネントのためのインストールステップはなく、自動的にインストールされています（選択肢 A は不正解）。

3

練習問題編

Oracle Database 12c には emca（EM構成アシスタント）は存在しません（選択肢Eは不正解）。

XML DB で提供される Oracle Web Server への接続には、ディスパッチャが必要です。dispatchers パラメータで TCP プロトコルを使用した XML DB サービス接続を設定します（選択肢 B は正解）。

ブラウザから接続に使用するポートは、HTTPS を使用するなら DBMS_XDB_CONFIG. setHTTPsPort、HTTP を使用するなら DBMS_XDB_CONFIG.setHTTPPort で設定します（選択肢 C は正解）。

ブラウザに表示される EM Express ページでは、Shockwave Flash（SWF）ファイルが使用されているため、Flash プラグインが必要です（選択肢 D は不正解）。

🔖 間違えたらここを復習

→「1-1-2　Oracle Enterprise Manager Database Express」

正解：**B、C** ☑☑☑

問題6 　　　　　　　　　　　　　　　重要度 ★★★

Oracle Database 12c の Database Configuration Assistant（DBCA）で構成できるものを3つ選択しなさい。

- ☐ A. 自動化メンテナンスタスク
- ☐ B. コンテナデータベース
- ☐ C. 監査
- ☐ D. プラガブルデータベース
- ☐ E. リスナー

解説

DBCA を使用して、マルチテナントのためのコンテナデータベース（CDB）やプラガブルデータベース（PDB）の作成が可能です（選択肢 B と選択肢 D は正解）。

リスナーの追加を事前に行う場合、NETCA や NETMGR が使用できますが、DBCA でリスナーの作成も可能になりました（選択肢 E は正解）。

Oracle Database 11g 以前は可能だった自動化メンテナンスタスクや監査の構成は、Oracle Database 12c の DBCA からは構成できません（選択肢 A と選択肢 C は不正解）。

🔖 間違えたらここを復習

→「1-2-1　Database Configuration Assistant（DBCA）」

正解：**B、D、E** ☑☑☑

4

1　Enterprise Manager とツール

問題 7　重要度 ★★☆

　Oracle Database 12c の Oracle SQL Developer に関する説明として正しいものを選択しなさい。

- ○ A. DBA 接続を使用することで、DBA 操作が実行できる
- ○ B. 標準の接続で DBA 操作が実行できる
- ○ C. SQL Developer の起動時に -dba スイッチを指定することで、DBA 操作が実行できる
- ○ D. DBA 操作はサポートされていない

解説

　SQL Developer 内の DBA ナビゲータで DBA 接続を使用することで、DBA 操作が可能です（選択肢 A は正解、選択肢 D は不正解）。

　DBA 接続は、DBA ナビゲータ上で作成する必要があります（選択肢 B は不正解）。特別な起動スイッチなどは使用しません（選択肢 C は不正解）。

　間違えたらここを復習
→「1-2-2　Oracle SQL Developer」

正解：A

問題 8　重要度 ★★☆

　Oracle Database 12c の Oracle SQL Developer で実行できる操作を 3 つ選択しなさい。

- ☐ A. データベースの起動／停止
- ☐ B. データベースの作成／削除
- ☐ C. バックアップ／リカバリ
- ☐ D. SQL*Loader
- ☐ E. Data Pump

解説

　Oracle SQL Developer の DBA ナビゲータを使用して、データベースの起動／停止、RMAN バックアップ／リカバリ、Data Pump エクスポート／インポートなどの操作が可能です（選択肢 A、選択肢 C、選択肢 E は正解）。

　データベースの作成／削除は、DBCA で行います（選択肢 B は不正解）。

　SQL*Loader の実行は、Loader の制御ファイルやデータファイルの準備が必要なため、DBA ナビゲータからの操作ができません（選択肢 D は不正解）。

　間違えたらここを復習
→「1-2-2　Oracle SQL Developer」

正解：A、C、E

5

本章の出題頻度

★★★★

2

練習問題編

マルチテナント

学習日		
／	／	／

本章の出題範囲は次のとおりです。

- マルチテナントアーキテクチャ
- マルチテナントアーキテクチャの利点
- マルチテナントアーキテクチャの用語
- CDB の作成と構成
- PDB の作成と構成
- 非 CDB を PDB に移行
- CDB／PDB への接続
- CDB／PDB の起動と停止
- CDB／PDB のインスタンスパラメータを変更
- CDB／PDB 内の表領域を管理
- CDB／PDB のユーザーと権限を管理
- CDB／PDB のバックアップを実行
- CDB／PDB のリカバリを実行
- CDB／PDB のフラッシュバックを実行

問題1　　　　　　　　　　　　　　　　　　　　重要度 **★★★**

　マルチテナントで作成したコンテナデータベースに含まれるコンテナとして正しい説明を３つ選択しなさい。

- ☐ A. 各 PDB にインスタンスが対応付けられる
- ☐ B. CDB にインスタンスが対応付けられる
- ☐ C. 1つ以上のシード PDB で管理される
- ☐ D. 1つのルートコンテナで管理される
- ☐ E. 0以上のユーザーPDB を作成できる
- ☐ F. CDB を作成した時点で最低1つのユーザーPDB が必要である

解説

　マルチテナントアーキテクチャでは、CDB に対応付けられたインスタンスですべての PDB が動作します（選択肢 B は正解、選択肢 A は不正解）。

　CDB に配置されるデータベースは、管理用のルートコンテナ（CDB$ROOT）をはじめ、PDB もすべて「コンテナ」と呼ばれます。PDB を作成するために事前に作成されたテンプレートがシード

6

PDB（PDB$SEED）です。ルートコンテナとシード PDB は CDB に 1 つ存在します（選択肢 D は正解、選択肢 C は不正解）。

CDB を作成した時点では、PDB は存在しません。ビジネス要件に応じて PDB を追加します（選択肢 E は正解、選択肢 F は不正解）。

間違えたらここを復習
→「2-1-1　マルチテナントアーキテクチャ」

正解：**B、D、E**

問題 2　重要度 ★★★

CDB レベルでのみ構成できるものを 3 つ選択しなさい。

- ☐ A. SPFILE の作成
- ☐ B. 暗号化のためのマスター鍵の作成
- ☐ C. Oracle Data Guard によるスタンバイデータベースの作成
- ☐ D. キャラクタセットの設定
- ☐ E. Oracle Database Vault による権限設定
- ☐ F. 統合監査の構成

解説

Oracle Database の各種機能は、マルチテナントをサポートしますが、構成レベルはさまざまです。データベース全体に影響する構成（= CDB レベル）は、ルートコンテナに接続して実行します（選択肢 A、選択肢 C、選択肢 D は正解、その他は PDB レベルでも可能なため不正解）。

間違えたらここを復習
→「2-1-1　マルチテナントアーキテクチャ」

正解：**A、C、D**

問題 3　重要度 ★★★

PDB に関する説明として正しいものを 3 つ選択しなさい。

- ☐ A. 特定のアプリケーション固有のデータを格納する
- ☐ B. 複数のハードウェアリソースを同時に利用する
- ☐ C. 異なる CDB へデータの移動を可能にする
- ☐ D. 個々の PDB 内における権限管理を分離する

練習問題編

解説

PDBは次の目的で使用されます。

- 特定のアプリケーション固有のデータを格納（選択肢A）
  アプリケーションごとにスキーマや異なるオブジェクトを使用する場合、独自のPDB
  に格納することで、アプリケーションを分離することができます。
- 異なるCDBへデータの移動（選択肢C）
  PDBは自己完結型ユニットとして別のCDBに移動（プラガブル）することができます。
- 個々のPDB内における権限管理を分離（選択肢D）
  個々のPDB内にPUBLICユーザーも存在します。PDB内で固有の権限、共通の権限
  を使い分けることができます。

複数のハードウェアリソースを利用するのは、マルチテナントではなく、クラスタシステムやグリッドシステムの仕事です（選択肢Bは不正解）。

なお、Real Application Clusters（RAC）は、マルチテナントをサポートします。

📚 **間違えたらここを復習**

→「2-1-1　マルチテナントアーキテクチャ」

正解：**A、C、D** ☑ ☑ ☑

問題4　　　　　　　　　　　　　　　　　　　　　　重要度 ★★★

複数の非CDBと比較したマルチテナントアーキテクチャの利点として適切なものを3
つ選択しなさい。

- ☐ A. 使用するメモリー割当ての詳細なチューニングが可能
- ☐ B. 職務の分離によるセキュリティの改善
- ☐ C. メディア障害の削減
- ☐ D. 記憶域割当ての削減
- ☐ E. アップグレードの時間短縮

解説

マルチテナントアーキテクチャにおけるインスタンスは、CDBに対応付けられています。個々の
PDB側でメモリーの詳細な調整はできません（選択肢Aは不正解）。

非CDBであれば、各データベースが個別に制御ファイル、REDOログファイル、データファイル
を持ちます。マルチテナントアーキテクチャでは、制御ファイル、REDOログファイル、UNDO
表領域は共通になり、結果として記憶域割当ての削減になります（選択肢Dは正解）。

マルチテナントアーキテクチャではディクショナリデータなどを共有しますので、ルートコンテナ

8

2　マルチテナント

でメディア障害が発生した場合は、PDBにも影響することになります。メディア障害の削減は、別途ストレージ側の冗長構成などが必要です（選択肢Cは不正解）。

　PDB管理者は、個々のPDB固有のローカルユーザーです。別のPDBの管理権限はありませんので、セキュリティの構成や監視が簡易化されます（選択肢Bは正解）。

　データベースのアップグレードをCDBに対して行うことで、属するPDBにも反映されるため、アップグレード時間も短縮されます（選択肢Eは正解）。アップグレードさせないのであれば、一時的にアンプラグ（切り離し）を行って、別のCDBにプラグ（接続）することもできます。

📘 間違えたらここを復習
→「2-1-2　マルチテナントアーキテクチャの利点」

正解：B、D、E　☐☐☐

問題5　重要度 ★★★

　PDBごとに実行できる操作として正しいものを3つ選択しなさい。

☐ A. バックアップ／リカバリ
☐ B. アプリケーション用表領域の共有
☐ C. リソースマネージャの構成
☐ D. 複数のCDBへ同時に接続
☐ E. 別のサーバーへの移動

解説

　PDBは1つのCDBのみに属します。現在のCDBから切断（アンプラグ）してから別のCDBに接続（プラグ）することが可能です（選択肢Eは正解、選択肢Dは不正解）。

　PDBは論理的には1つのデータベースとして動作します。あるPDBでユーザーエラーが発生し、Point-in-Timeリカバリが必要になった場合、ほかのPDBに影響することなくデータの復旧ができます（選択肢Aは正解）。

　並列度やしきい値など、非CDBと同じリソースマネージャの構成は、PDBレベルで構成します。複数のPDBにまたがってリソースを制御する構成はCDBレベルで設定することができます（選択肢Cは正解）。

　UNDO表領域やCDBのデフォルト一時表領域を除き、表領域はPDB固有です。異なるPDBの表領域をそのまま使用することはできません（選択肢Bは不正解）。

📘 間違えたらここを復習
→「2-1-2　マルチテナントアーキテクチャの利点」

▶参照
→「6-3-1　CDB計画とPDB計画」

9

正解：A、C、E

問題6　　重要度 ★★★

CDBの作成方法として正しいものを2つ選択しなさい。

- [ ] A. DBCAを使用して新規データベースをコンテナデータベースとして作成する
- [ ] B. 既存の非CDBをCDBに変換する
- [ ] C. Oracle Enterprise Manager Database Expressを使用する
- [ ] D. Oracle Enterprise Manager Cloud Controlを使用する
- [ ] E. ENABLE PLUGGABLE DATABASE句を指定したCREATE DATABASE文を使用する

解説

DBCAは、非CDBを作成するだけでなく、コンテナデータベースとしてCDBを作成したりPDBを作成することができます（選択肢Aは正解）。

SQLでCDBを作成する場合は、enable_pluggable_databaseパラメータをTRUEに設定したインスタンスを起動し、ENABLE PLUGGABLE DATABASE句を指定したCREATE DATABASE文を使用します（選択肢Eは正解）。

新規にデータベースを作成するときのみCDBにすることができます。既存の非CDBをCDBに変換することはできません（選択肢Bは不正解）。

Oracle Enterprise Manager Cloud ControlでPDBを作成することはできますが、CDBは作成できません（選択肢Dは不正解）。Oracle Enterprise Manager Database Express（EM Express）では、CDBとPDBを作成することができません（選択肢Cは不正解）。

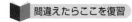
→「2-2-1　CDBの作成と構成」

正解：A、E

問題7　　重要度 ★★★

次のコードを確認してください。

```
SQL> show parameter pdb

NAME                      TYPE         VALUE
------------------------- ------------ --------------------------
pdb_file_name_convert     string       /disk1/, /disk2/
```

2 マルチテナント

```
SQL> show parameter db_create_file_dest

NAME                    TYPE         VALUE
--------------------    ----------   -------------------------
db_create_file_dest     string       /disk1

SQL> CREATE DATABASE cdb2 ENABLE PLUGGABLE DATABASE
  2  SEED FILE_NAME_CONVERT=('/disk1/','/disk3/');
```

上記の SQL 文実行後の状態として正しいものを 2 つ選択しなさい。

☐ A. ルートコンテナは /disk1 に配置される
☐ B. ルートコンテナは /disk2 に配置される
☐ C. ルートコンテナは /disk3 に配置される
☐ D. シード PDB は /disk1 に配置される
☐ E. シード PDB は /disk2 に配置される
☐ F. シード PDB は /disk3 に配置される
☐ G. シード PDB は存在しない

解説

　CDB を作成すると、ルートコンテナとシード PDB が作成されます（選択肢 G は不正解）。ルートコンテナの配置は、CREATE DATABASE 文で明示的に指定するか、OMF を使用することができます。シード PDB の配置は、ルートコンテナに依存します。

　問題文では、ルートコンテナの配置場所を明示的に指定せず、OMF が有効なため、ルートコンテナの配置に OMF が使用されます（選択肢 A は正解）。ルートコンテナが OMF のため、シード PDB も OMF が使用されます（選択肢 D は正解）。

　SEED FILE_NAME_CONVERT 句、pdb_file_name_convert パラメータは、ルートコンテナの配置には影響しません（選択肢 B と選択肢 C は不正解）。

　ルートコンテナを明示的に配置し、SEED FILE_NAME_CONVERT 句を指定していたのであれば、FILE_NAME_CONVERT 句で変換された場所にシード PDB が配置されます（問題ではルートコンテナが OMF のため、選択肢 F は不正解）。

　pdb_file_name_convert パラメータは、シード PDB を基に作成する PDB 用のファイルが配置される場所のためのパラメータです。ただし、CDB を作成するときに、ルートコンテナの配置にOMF を使用せず、SEED FILE_NAME_CONVERT 句も使用していない場合は、シード PDB の配置場所としても使用されます（選択肢 E は不正解）。

間違えたらここを復習

→「2-2-1　CDB の作成と構成」

正解：**A、D**

11

問題 8　重要度 ★★★

次のコードを確認してください。

```
SQL> CREATE DATABASE cdb2
  2  ENABLE PLUGGABLE DATABASE;
CREATE DATABASE cdb2
*
ERROR at line 1:
ORA-65093: container database not set up properly
```

エラーが表示された原因として正しいものを選択しなさい。

- A. CREATE DATABASE 文に SEED 句が指定されていない
- B. pdb_file_name_convert パラメータが設定されていない
- C. enable_pluggable_database パラメータが TRUE に設定されていない
- D. UNDO 表領域名が指定されていない

解説

　CDBを作成するには、ENABLE PLUGGABLE DATABASE 句を指定した CREATE DATABASE 文を実行しますが、enable_pluggable_database パラメータが TRUE にされたインスタンスが必要です（選択肢 C は正解）。

　CDB 作成時にシード PDB も作成されますが、CREATE DATABASE 文の SEED 句は必須ではありません。OMF や pdb_file_name_convert パラメータを使用せずにシード PDB の SYSTEM 表領域や SYSAUX 表領域の配置やサイズ変更、追加の表領域を作成したい場合に指定します（選択肢 A は不正解）。

　pdb_file_name_convert パラメータは、PDB の配置場所を変換するときに使用します。CDB 作成時にルートの配置場所からシード PDB の配置場所を変換するためにも使用できますが、ルートコンテナの配置には影響しません（選択肢 B は不正解）。

　ルートコンテナの配置場所を明示的に指定した場合は、UNDO TABLESPACE 句を使用して UNDO 表領域の場所を指定します。場所を指定しないと「ORA-30045: No undo tablespace name specified」エラーが発生します（選択肢 D は不正解）。

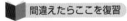 間違えたらここを復習

→「2-2-1　CDBの作成と構成」

正解：C

問題 9

次の画面を確認してください。

画面 2-1　DBCA によるコンテナデータベース作成

空のコンテナデータベースを作成したいため、プラガブルデータベース名は空にしています。次のページに進めようとしたところ、次のエラーが発生しました。

画面 2-2　コンテナデータベース作成エラー

対処方法として適切なものを選択しなさい。

○ A. DBCA では空のコンテナデータベースは作成できない
○ B. 拡張モードを使用してコンテナデータベースを作成する
○ C. プラガブルデータベース名フィールドに「"」を指定する
○ D. 「コンテナデータベースとして作成」チェックボックスをはずす

解説

空の CDB を作成したり、2 つ以上の PDB を最初から作成するには、「拡張モード」を使用します（選択肢 B は正解、選択肢 A は不正解）。

デフォルトの構成を使用した DBCA によるデータベース作成では、非 CDB または 1 つの PDB を持つ CDB を作成することができます。エラーメッセージのとおり、「"」を指定することはできません（選択肢 C は不正解）。

「コンテナデータベースとして作成」チェックボックスをはずすと、非 CDB としてデータベースが作成されます（選択肢 D は不正解）。

練習問題編

間違えたらここを復習

→「2-2-1　CDBの作成と構成」

正解：**B** ☑☑☑

問題 10
重要度 ★★★

マルチテナントのデータディクショナリビューに関する説明として正しいものを 2 つ選択しなさい。

☐ A. CDB_xxx ビューにはすべてのコンテナからの結果が表示される
☐ B. CDB_xxx ビューはルートでのみアクセスできる
☐ C. DBA_xxx ビューには CON_ID 列が追加されている
☐ D. DBA_xxx ビューには現コンテナに関する情報のみ表示される

解説

DBA_xxx、ALL_xxx、USER_xxx ビューは、非 CDB 環境との互換性のために、現コンテナに関する情報のみが表示されます（選択肢 D は正解）。

マルチテナント全体の管理のために、CDB_xxx ビューが追加され、全コンテナからの結果がすべて表示されます（選択肢 A は正解）。

どのコンテナの情報なのかは、CON_ID 列で区別されます（CDB_xxx にはあるが DBA_xxx にはないため選択肢 C は不正解）。

CDB_xxx ビューは、PDB からもアクセスすることができます（選択肢 B は不正解）。ただし、表示されるのは、DBA_xxx ビューと同じで現コンテナに関する情報のみとなります。

間違えたらここを復習

→「2-2-1　CDBの作成と構成」

正解：**A、D** ☑☑☑

問題 11
重要度 ★★★

新規アプリケーションのためにスキーマ構造を大幅に変更することになりましたが、アプリケーション間の影響が不明です。元の環境を残しながら事前テストを行う方法として適切なものを選択しなさい。

○ A. 元の環境を PDB として接続し、PDB でフラッシュバックデータベース機能を使用する
○ B. 元の環境を PDB として接続するときにファイルを新しい場所に配置する
○ C. 元の環境を CDB に変換し、対象となる表領域をクローニングする
○ D. 元の環境を PDB として接続し、テスト後に切断すれば元に戻される

14

2　マルチテナント

解説

　非CDB環境はPDBとして既存のCDBに接続することができます。既存のデータファイルをそのまま使用する（NOCOPY）ことも、新しい場所に配置（COPY）することも可能です。新しい場所に配置した場合は、元の非CDBはそのまま非CDBとして使用することができます。問題例の場合は元の環境も残すため、新しい場所に配置するPDBとして接続し、テストを行うことが適切な方法となります（選択肢Bは正解）。

　非CDBのデータファイルをそのまま使用してPDBを接続するとファイル番号なども変更されます。PDBを切断しただけでは元に戻りません（選択肢Dは不正解）

　フラッシュバックデータベースは、簡単に変更を取り消すことのできる機能ですが、CDBレベルで使用する必要があります。PDBではフラッシュバックデータベースは使用できません（選択肢Aは不正解）。前述のとおり、ファイル番号などが戻るわけではありませんので、非CDBとして戻ることはできません。

　非CDBをCDBに変換することはできません。また、PDBのクローニングは特定の表領域ではなくPDB全体のクローニングです（選択肢Cは不正解）。

間違えたらここを復習

→「2-2-2　PDBの作成と構成」

正解：**B**

問題12　重要度 ★★★

　次のコードを確認してください。

```
SQL> connect sys@salesdb
SQL> SELECT parameter,value FROM v$nls_parameters
  2  WHERE parameter LIKE '%CHARACTERSET';

PARAMETER                 VALUE
------------------------  ---------------------------
NLS_CHARACTERSET          WE8ISO8859P1
NLS_NCHAR_CHARACTERSET    AL16UTF16

SQL> connect sys@cdb
SQL> SELECT parameter,value FROM v$nls_parameters
  2  WHERE parameter LIKE '%CHARACTERSET';

PARAMETER                 VALUE
------------------------  ---------------------------
NLS_CHARACTERSET          WE8MSWIN1252
NLS_NCHAR_CHARACTERSET    AL16UTF16
```

練習問題編

salesdb は非 CDB です。同じデータベースバージョンの CDB に接続するための手順として正しいものを選択しなさい。

- ○ A. スーパーセットのキャラクタセットのためそのまま接続できる
- ○ B. Unicode に移行してからであれば接続できる
- ○ C. 異なるキャラクタセットを使用しているため接続できない
- ○ D. RMAN で CONVERT 後であれば接続できる

解説

　非 CDB を PDB として接続したり、別の CDB から PDB をクローニングする場合、キャラクタセットに互換性が必要です。接続先となるデータベースのキャラクタセットは、ソースデータベースでキャラクタセットのスーパーセットである必要があります。問題文で使用している cdb（接続先データベース）の WE8MSWIN1252 は、salesdb（ソースデータベース）で使用している WE8ISO8859P1 のスーパーセットですから、問題なく接続できます（選択肢 A は正解）。

　Unicode に移行するデータベース移行アシスタントなどを使用すれば Unicode に移行することはできますが、必要ありません（選択肢 B は不正解）。

　スーパーセットにならないキャラクタセットの場合、CREATE PLUGGABLE DATABASE 文はできても、その後の noncdb_to_pdb.sql 実行時にエラーが発生します（選択肢 C は不正解。問題文ではスーパーセットのためそのまま接続できる）

　RMAN で CONVERT するのは、エンディアン形式が異なるデータベース間でトランスポータブル表領域を行う場合です。CONVERT でキャラクタセットは変換できません（選択肢 D は不正解）。

間違えたらここを復習

→「2-2-2　PDB の作成と構成」

▶**参照**
「8-5　Unicode 用データベース移行アシスタント」

正解：A ☑ ☑ ☑

問題 13　　　　　　　　　　　　　　　　　　　　　　　重要度 ★★★

　次のコードを確認してください。

```
SQL> show parameter pdb

NAME                    TYPE        VALUE
--------------------    ----------  ------------------------
pdb_file_name_convert   string      /disk1/, /disk2/


SQL> CREATE PLUGGABLE DATABASE pdb2
```

16

2 マルチテナント

```
 2  ADMIN USER pdb2adm IDENTIFIED BY password;
```

実行結果に関する説明として正しいものを３つ選択しなさい。

- ☐ A. シード PDB を基に pdb2 が作成される
- ☐ B. 現在接続している PDB から pdb2 がクローニングされる
- ☐ C. pdb2 のファイルは元 PDB と同じ場所が使用される
- ☐ D. pdb2 のファイルは /disk2 に配置される
- ☐ E. pdb2adm ユーザーが作成され PDB_DBA ロールが付与される

解説

シード PDB を基に PDB を作成するには、CREATE PLUGGABLE DATABASE 文の ADMIN USER 句で PDB のローカル管理者を指定します（選択肢 A は正解）。作成される管理者には、CONNECT と PDB_DBA ロールが付与されます（選択肢 E は正解）。ADMIN USER 句で ROLES を指定した場合は、指定したロールも追加で付与されます。

シード PDB に含まれるデータファイルがコピーされる場所は、FILE_NAME_CONVERT 句、OMF、pdb_file_name_convert パラメータに依存します（選択肢 D は正解）。

シード PDB からの新規 PDB 作成は、常にファイルがコピーされます。既存ファイルが使用できるのは、非 CDB を PDB 化するときか、切断した PDB を別の CDB に接続する場合です（選択肢 C は不正解）。

クローニングにしろ、シード PDB からの作成にしろ、PDB の作成はルートコンテナに接続して行います。別の PDB からのクローニングを行う場合は、CREATE PLUGGABLE DATABASE 文で「FROM 元 PDB 名」が含まれます（選択肢 B は不正解）。

間違えたらここを復習
→「2-2-2　PDBの作成と構成」

正解：**A、D、E** ☐☐☐

問題14　重要度 ★★★

PDB のクローニングに関する説明として正しいものを２つ選択しなさい。

- ☐ A. 同じ CDB 内でのみクローニングすることができる
- ☐ B. STORAGE 句にて PDB が使用できる記憶域の量を制限することができる
- ☐ C. ファイルの配置は OMF が必要である
- ☐ D. ソース PDB を READ ONLY でオープンする必要がある
- ☐ E. ソース PDB の一部の表領域だけをクローニングすることもできる

17

解説

既存のPDBを基に新規PDBとしてコピーを作成するクローニングは、ソースPDBをREAD ONLYでオープンし、CREATE PLUGGABLE DATABASE文のFROM句でソースPDBを指定します（選択肢Dは正解）。

ほかのPDB作成時と同様、STORAGE句を使用して記憶域の量を制限することもできます（選択肢Bは正解）。また、ファイルの配置は、FILE_NAME_CONVERT句、OMF、pdb_file_name_convertパラメータに依存します（選択肢Cは不正解）。

ローカルCDB内だけでなく、リモートCDBから行うこともできます。リモートCDBからクローニングする場合は、事前にデータベースリンクを作成しておきます（選択肢Aは不正解）。

元となるPDB全体がクローニングされるため、一部の表領域のみをクローニングすることはできません（選択肢Eは不正解）。

間違えたらここを復習
→「2-2-2　PDBの作成と構成」

正解：**B、D**

問題15　重要度 ★★★

3つのPDBが接続されている12.1のCDBを12.xにアップグレードすることになりました。PDBのうち1つを12.1のままで動作させる方法として適切なものを選択しなさい。

- A. CDBを12.xにアップグレードしてもシードPDBは12.1のままのため、アップグレード後にシードPDBからPDBを新規作成する
- B. CDBのアップグレード後、12.1のままにするPDBをダウングレードする
- C. CDBのアップグレード前に12.1のままにするPDBを切断し、別の12.1のCDBに接続する
- D. CDBのアップグレードはオープンしているPDBのみに影響するため、12.1のままにするPDBをクローズしておく

解説

CDBのアップグレードは、存在するすべてのPDBに影響します。シードPDBも例外ではありません（選択肢Aは不正解）。アップグレードの影響を受けないためには、事前にCDBからPDBを切断し、アップグレードしない別のCDBに接続することを検討します（選択肢Cは正解）。

アップグレード時は、データベースをUPGRADEモードでオープン（OPEN MIGRATEステータス）しますが、シードPDBを除くPDBはすべてクローズしたマウント状態になります。PDBをオープンしようとすると「ORA-65054: Cannot open a pluggable database in the desired mode.」エラーになります。アップグレード後にオープンすることで、アップグレードが反映された状態となります（選択肢Dは不正解）。

2　マルチテナント

　アップグレード同様、ダウングレードもCDB単位です。PDBを個別にダウングレードすることはできません（選択肢Bは不正解）。

📘 間違えたらここを復習
→「2-2-2　PDBの作成と構成」

正解：C

問題16　重要度 ★★★

　PDBの削除に関する説明として正しいものを2つ選択しなさい。

- ☐ A. アンプラグまたはクローズしている必要がある
- ☐ B. 削除するPDBはREAD ONLYでオープンしている必要がある
- ☐ C. シードPDBは削除できない
- ☐ D. INCLUDING DATAFILES句を指定することで、CDBの制御ファイルからの参照が削除される
- ☐ E. INCLUDING DATAFILES句を指定することで、物理的なファイルを保存することができる

解説

　PDBを削除するには、ルートコンテナでDROP PLUGGABLE DATABASE文を使用します。対象となるPDBは、アンプラグするかクローズしている必要があります（選択肢Aは正解）。

　READ ONLYであるかどうかにかかわらず、オープンしているPDBを削除しようとすると「ORA-65025: Pluggable database PDB2 is not closed on all instances.」エラーが発生します（選択肢Bは不正解）。

　KEEP DATAFILES句とINCLUDING DATAFILES句のいずれを使用したかにかかわらず、PDBを削除すると、CDBの制御ファイルから情報が削除されます（選択肢Dは不正解）。

　デフォルトではKEEP DATAFILES句で動作し、対象PDBのデータファイルが保持された状態になります。アンプラグしたPDBを接続するためのデータファイルとして使用することができます。INCLUDING DATAFILES句は、対象PDBのすべてのデータファイルが物理的に削除されます（選択肢Eは不正解）。

　シードPDBは削除できません。シードPDBを削除しようとすると「ORA-65017: seed pluggable database may not be dropped or altered」エラーが発生します（選択肢Cは正解）。

📘 間違えたらここを復習
→「2-2-2　PDBの作成と構成」

正解：A、C

19

練習問題編

問題 17
重要度 ★★★

マルチテナント環境の接続に関する説明として正しいものを 2 つ選択しなさい。

☐ A. パスワードファイル認証を使用すれば PDB へのローカル接続が可能
☐ B. PDB へのサービス名はすべての CDB にわたって一意な名前が必要
☐ C. CDB への接続はリモート接続が必要
☐ D. 別の PDB のオブジェクトへのアクセスはデータベースリンクを使用

解説

　非 CDB と同様に、CDB への接続（ルートコンテナへの接続）には、ローカル接続とリモート接続が使用できます（選択肢 C は不正解）。特権ユーザーであれば、OS 認証とパスワードファイル認証のいずれも可能です。

　CDB 内の PDB は、同じインスタンスを使用して管理されます。ローカル接続は、環境変数 ORACLE_SID にインスタンス名を指定するため、PDB で使用することはできません。PDB への接続は、常に Oracle Net を使用したリモート接続になります（選択肢 A は不正解）。そのため、リスナーにサービス名を登録する必要があり、同じリスナーに登録されるすべての CDB にわたって一意なサービス名が必要です（選択肢 B は正解）。

　PDB 間でデータの送受信が必要な場合は、非 CDB 同様、データベースリンクを使用します（選択肢 D は正解）。

間違えたらここを復習

→「2-3-1　CDB／PDB への接続」

正解：**B、D** ☑☑☑

問題 18
重要度 ★★★

　ALTER SESSION SET CONTAINER 文に関する説明として正しいものを 2 つ選択しなさい。

☐ A. ローカルユーザーのみ使用できる
☐ B. 共通ユーザーのみ使用できる
☐ C. ローカルユーザー、共通ユーザーいずれも使用できる
☐ D. AFTER LOGON トリガーが実行される
☐ E. 切り替え前のトランザクションは継続する

解説

　ALTER SESSION SET CONTAINER 文は、現在のセッションを残しつつ、一時的に操作対象コンテナを切り替えることができます。現セッションのユーザー名をそのまま使用するため、共

20

2　マルチテナント

通ユーザーである必要があります（選択肢Bは正解、選択肢Aと選択肢Cは不正解）。

　新規接続とは異なり、AFTER LOGONトリガーは起動しません（選択肢Dは不正解）。元のコンテナのトランザクションはそのまま残っています。複数のコンテナにまたがったトランザクションはできませんが、元のコンテナに戻ってトランザクションを継続することができます（選択肢Eは正解）。

📖 間違えたらここを復習
→「2-3-1　CDB／PDBへの接続」

正解：**B、E** ☑☑☑

問題 19　　　　　　　　　　　　　　　　　　　　　重要度 ★★★

　マルチテナントにおいて、リスナーに動的登録されるサービス名を2つ選択しなさい。

☐ A. シードPDB名
☐ B. ルートコンテナ名
☐ C. データベース名
☐ D. PDB名

解説

　非CDBと同様に、データベース名とドメイン名の組み合わせがリスナーに対する動的サービスに登録されます（選択肢Cは正解）。データベース名と同じサービス名（db_name.db_domain）を使用することで、ルートコンテナに接続できます（ルートコンテナ名：CDB$ROOTが直接登録されないため、選択肢Bは不正解）。

　PDBを作成すると、PDB名とドメイン名の組み合わせがサービス名として登録されます（選択肢Dは正解）。既存のPDB名を使用してPDBを作成すると「ORA-65149: PDB name conflicts with existing service name in the CDB or the PDB」エラーになります。

　シードPDBは、新規PDB作成のためにのみ使用されるため、リスナーに動的サービス登録されることはありません（選択肢Aは不正解）。なお、ALTER SESSION SET CONTAINER文による接続の切り替えを使用するのであれば、シードPDBに接続することは可能です。

📖 間違えたらここを復習
→「2-3-1　CDB／PDBへの接続」

正解：**C、D** ☑☑☑

問題 20　　　　　　　　　　　　　　　　　　　　　重要度 ★★★

　PDBに独自のサービス名を設定する方法として正しいものを選択しなさい。

○ A. PDB独自のサービス名を追加することはできない

21

練習問題編

- ○ B. シングル環境では PDB 独自のサービス名を追加することはできない
- ○ C. DBMS_SERVICE パッケージか srvctl、EM Cloud Control を使用することで PDB 独自のサービス名が追加される
- ○ D. service_names パラメータを変更することで PDB 独自のサービス名が追加される

解説

PDB名と異なるサービス名を利用する場合、シングル環境では、DBMS_SERVICEパッケージを使用することで、PDB独自のサービス名を追加することができます。Oracle Restartか Oracle Clusterwareを使用している場合は、srvctlを使用します。クラスタ環境であれば、EM Cloud Controlを使用することもできます（選択肢Cは正解、選択肢Aと選択肢Bは不正解）。

service_namesパラメータを直接変更しても、ルートコンテナに対するサービス名が追加されるだけで、PDB固有の変更にはなりません（選択肢Dは不正解）。

間違えたらここを復習

→「2-3-1　CDB／PDBへの接続」

正解：**C**

問題 21　重要度 ★★★

マルチテナントの名前や ID に関する規則として正しいものを 2 つ選択しなさい。

- ☐ A. 1 つの CDB 内で PDB には一意な名前が必要
- ☐ B. シード PDB の CON_ID は 2 である
- ☐ C. PDB 名は大文字／小文字が区別される
- ☐ D. CDB 名と同じ PDB 名を作成することができる
- ☐ E. PDB 名を後から変更することはできない

解説

CDBに接続するPDBは、それぞれ固有の名前、データベースID（DBID）、コンテナUID（CON_UID）、グローバルUID（GUID）を持ちます（選択肢Aは正解）。2重引用符で囲んだとしても、大文字／小文字は区別されません（選択肢Cは不正解）。

ルート、シードPDB、ユーザーPDBのいずれもコンテナID（CON_ID）を持ちます。CDB全体は0、ルートコンテナは1、シードPDBは2、ユーザーPDBが3以上の値になります（選択肢Bは正解）。

PDBへの接続は、Oracle Netを使用します。リスナーに登録する固有のサービス名が必要なため、CDBと同じPDB名や既存のPDB名を使用することはできません。同じ名前で作成しようとすると「ORA-65149: PDB name conflicts with existing service name in the CDB or the PDB」エラーが発生します（選択肢Dは不正解）。

PDB名は、後から変更することができます。変更するには、RESTRICTモードにしたPDBに接続し、ALTER PLUGGABLE DATABASE文でRENAME GLOBAL_NAME句を使用します（選択肢Eは不正解）。

間違えたらここを復習
→「2-3-1　CDB／PDBへの接続」

正解：A、B

問題 22　重要度 ★★★

CDBを起動したときの動作を正しい順序に並べたものを選択しなさい。

1. シードPDBがREAD ONLYでオープン
2. インスタンスの起動
3. REDOログファイルとルートコンテナのデータファイルをオープン
4. 制御ファイルをマウント
5. PDBをオープンするトリガーがあればシードPDB以外のPDBをオープン

- A. 2→4→1→3→5
- B. 2→4→3→1→5
- C. 2→4→3→5→1
- D. 2→4→1→5→3

解説

CDBの起動は、非CDBの起動と同様、インスタンス起動（2）、データベースのマウント（4）、オープン（3）の順に行われます。データベースのオープンでは、ルートコンテナがオープンされ、シードPDBがREAD ONLYでオープンされます（1）。他PDBはマウントのままとなりますが、AFTER STARTUPトリガーがあれば、自動で他PDBをオープンすることもできます（5）（ルートコンテナがシードPDBより先にオープンするため、選択肢Aと選択肢Dは不正解。シードPDBが他PDBより先にREAD ONLYオープンするため選択肢Bが正解、選択肢Cは不正解）。

間違えたらここを復習
→「2-3-2　CDB／PDBの起動と停止」

正解：B

問題 23　重要度 ★★★

次のコードを確認してください。

練習問題編

```
CREATE OR REPLACE TRIGGER Open_All_PDBs
AFTER STARTUP ON DATABASE
BEGIN
  EXECUTE IMMEDIATE
  'ALTER PLUGGABLE DATABASE ALL OPEN';
END;
/
```

上記のトリガーが起動するタイミングとして正しいものを2つ選択しなさい。

☐ A. CDB を READ WRITE でオープンするとき
☐ B. CDB を READ ONLY でオープンするとき
☐ C. CDB を RESETLOGS でオープンするとき
☐ D. CDB を RESTRICTED モードでオープンするとき
☐ E. CDB に特権ユーザーがセッションを確立するとき

解説

AFTER STARTUP トリガーは、データベースがオープンした直後に自動起動するトリガーです（セッション起動時は AFTER LOGON トリガーのため、選択肢Eは不正解）。PDBを OPEN するコードがあれば、PDBを自動でオープンすることができます。

AFTER STARTUP トリガーは、データベースのオープン時に自動起動するため、通常の READ WRITE でオープンするときのほか、RESETLOGS でオープンするときも自動起動します（選択肢Aと選択肢Cは正解）。

CDBを READ ONLY や RESTRICTED でオープンすると、PDBは READ WRITE でオープンできません（READ ONLY や RESTRICTED でのオープンは可）。結果として PDBをオープンするトリガーは「ORA-65054: Cannot open a pluggable database in the desired mode.」エラーとなります（選択肢Bと選択肢Dは不正解）。

間違えたらここを復習
→「2-3-2　CDB／PDBの起動と停止」

正解：**A、C**

問題 24　　　　　　　　　　　　　　　　　　重要度 ★★★

PDB の起動と停止に関する説明として正しいものを2つ選択しなさい。

☐ A. CDB がオープンされると全 PDB がマウントされる
☐ B. シード PDB を READ WRITE でオープンすることはできないが CLOSE することはできる

2　マルチテナント

☐ C. すべての PDB を一括でオープンすることができる
☐ D. PDB に接続した状態で他 PDB をクローズすることはできない
☐ E. すべての PDB をクローズすると CDB がクローズされる

解説

　CDB がマウントされるときにすべての PDB はマウントされます（選択肢 A は不正解）。CDB がオープンされると、ルートコンテナがオープンされ、シード PDB を除く PDB はマウントされたままとなります。

　シード PDB は、CDB がオープンするときに自動的に READ ONLY でオープンされますが、明示的にクローズすることはできず、READ WRITE でオープンすることもできません。変更しようとすると「ORA-65017: seed pluggable database may not be dropped or altered」エラーとなります（選択肢 B は不正解）。

　PDB のオープンやクローズは、ルートコンテナに接続した状態であれば、個別でも一括でも行うことができます。ALTER PLUGGABLE DATABASE 文で、対象 PDB を指定すれば個別、ALL を指定すれば一括になります（選択肢 C は正解）。

　PDB に接続して STARTUP、SHUTDOWN を実行することもできます。ただし、PDB に接続した状態で、他 PDB を変更することはできません（選択肢 D は正解）。変更しようとすると「ORA-65118: operation affecting a pluggable database cannot be performed from another pluggable database」エラーとなります。ルートコンテナに接続せずに ALL 指定を行った場合は「ORA-65040: operation not allowed from within a pluggable database」エラーとなります。

　すべての PDB をクローズしても、ルートコンテナはオープンされたままです。そのため、CDB はクローズされず、オープン状態を維持します（選択肢 E は不正解）。

間違えたらここを復習
→「2-3-2　CDB／PDB の起動と停止」

正解：**C、D**

問題 25　　　　　　　　　　　　　　重要度 ★★★

　PDB の停止に関する説明として正しいものを選択しなさい。

○ A. PDB に接続して SHUTDOWN コマンドを実行するとインスタンスが停止される
○ B. PDB のクローズは 1 つずつ行うか一括で行うことしかできない
○ C. PDB をクローズせずに CDB を停止すると次回インスタンス起動時にリカバリが必要になる
○ D. IMMEDIATE 句を指定するとトランザクションがロールバックされ、セッションが切断される
○ E. FORCE オプションを指定して PDB を OPEN するとインスタンスリカバリが実行される

25

練習問題編

解説

　PDBのクローズで既存トランザクションをロールバックし、セッションを切断したい場合は、ALTER PLUGGABLE DATABASE文で、CLOSE IMMEDIATE句を使用します（選択肢Dは正解）。IMMEDIATE句を指定しない場合は、セッションが切断するのを待機します。ALTER PLUGGABLE DATABASE文では、個々のPDB、すべてのPDBだけでなく、一部を除外することもできます（選択肢Bは不正解）。

　PDBは、対象となるPDBに接続してSHUTDOWNコマンドで停止することもできます。SHUTDOWN IMMEDIATEとSHUTDOWN ABORTは、トランザクションをロールバックしてセッション切断後、PDBをクローズします。SHUTDOWN NORMALとSHUTDOWN TRANSACTIONALは、PDB上のすべてのセッションが切断されるのを待機後、PDBをクローズします。いずれにしても、インスタンスは停止しません（選択肢Aは不正解）。

　インスタンスが停止されるのは、CDBを停止したときです。ルートコンテナに接続してSHUTDOWN IMMEDIATEを実行すると、全PDBがクローズされ、ルートコンテナがクローズされます。その後、制御ファイルがディスマウントされ、インスタンスが停止します。PDBを明示的にクローズする必要はありません。SHUTDOWN ABORTで停止しない限り、インスタンスのリカバリは行われません（選択肢Cは不正解）。

　すでにオープンしているPDBは、1度クローズしてから再オープンするのが基本です。すでにオープンしているPDBをオープンしようとすると「ORA-65019: pluggable database PDB1 already open」エラーが発生します。ただし、FORCE句を指定することで強制的に変更することは可能です。「ALTER PLUGGABLE DATABASE ALL OPEN FORCE」のようにFORCE句を使用して強制的にOPENモードを変更することができます。後からRESTRICTEDモードを有効化した場合と同様、PDBの既存セッションはそのままです。なお、インスタンスの再起動なども行われません（選択肢Eは不正解）。

📖 **間違えたらここを復習**
→「2-3-2　CDB／PDBの起動と停止」

正解：D ☑☑☑

問題 26

重要度 ★★★

PDBの起動と停止のオプションに関する説明として正しいものを2つ選択しなさい。

- ☐ A. RESTRICTEDモードでオープンするとRESTRICTED SESSION権限を持つユーザーのみ接続できる
- ☐ B. READ ONLYモードでオープンしてもルートコンテナからは変更することができる
- ☐ C. オープン済みのPDBが存在してもALL OPENで残りをオープンすることができる
- ☐ D. ALTER PLUGGABLE DATABASE文によるOPENとCLOSEはCDBからのみ実行できる
- ☐ E. クローズ済みのPDBが存在する場合はALL EXCEPTでCLOSEが必要である

26

2 マルチテナント

2

解説

PDBは、デフォルトではREAD WRITEでオープンされますが、READ ONLY句やRESTRICTED句を指定してオープンすることもできます。RESTRICTED句を指定した場合は、非CDB同様、RESTRICTED SESSION権限を持つユーザーのみ接続できます。メンテナンス操作時に一般ユーザーによる接続を防止したい場合に利用できます（選択肢Aは正解）。

ALTER PLUGGABLE DATABASE文によるOPENとCLOSEは、CDBだけでなくPDBに接続して実行することもできます（選択肢Dは不正解）。ただし、PDBから実行できるのは現PDBに対する操作のみです。ほかのPDBを指定したりALLを指定すると「ORA-65118: operation affecting a pluggable database cannot be performed from another pluggable database」エラーとなります。

READ ONLYモードのPDBは読み取り専用です。ルートコンテナに接続していたとしても変更することはできません（選択肢Bは不正解）。

ALLを使用したオープンとクローズは、すでにオープン済み、クローズ済みのPDBが存在していても実行できます。対象外のPDBが存在すると「ORA-65019: pluggable database PDB2 already open」のようにエラーは発生しますが、残りのPDBがオープンされます。クローズの場合は、クローズ済みのPDBが存在していてもエラーは表示されません（選択肢Cは正解、選択肢Eは不正解）。

📖 **間違えたらここを復習**

→「2-3-2　CDB／PDBの起動と停止」

正解：**A、C**

問題 27

重要度 ★★☆

マルチテナント環境の自動診断リポジトリに関する説明として正しいものを2つ選択しなさい。

☐ A. PDBごとにアラートログファイルが存在する
☐ B. CDBごとにアラートログファイルが存在する
☐ C. アラートログにPDB情報は記録されない
☐ D. アラートログにPDB情報は記録される

解説

非CDBと同様に、自動診断リポジトリでアラートログやインシデント情報が管理されています。管理はCDB単位で行われるため、PDBごとにアラートログファイルはありません（選択肢Bは正解、選択肢Aは不正解）。各PDBに対する操作は、CDBのアラートログに記録されます（選択肢Dは正解、選択肢Cは不正解）。

📖 **間違えたらここを復習**

→「2-3-2　CDB／PDBの起動と停止」

正解：**B、D**

27

練習問題編

問題 28　重要度 ★★★

マルチテナントの初期化パラメータに関する説明として正しいものを 2 つ選択しなさい。

- ☐ A. CDB ごとに初期化パラメータファイルを持つ
- ☐ B. PDB ごとに初期化パラメータファイルを持つ
- ☐ C. PDB ごとの初期化パラメータはディクショナリに保存される
- ☐ D. PDB ごとの初期化パラメータは初期化パラメータファイルに保存される

解説

　非 CDB 同様、初期化パラメータファイルは、インスタンス起動時に読み込まれるため、CDB レベルで設定します（選択肢 A は正解、選択肢 B は不正解）。

　一部の初期化パラメータは、PDB ごとに変更することができます。V$PARAMETER ビューなどで ISPDB_MODIFIABLE 列が TRUE の場合、PDB ごとに変更可能です。PDB に接続して変更した内容は、ディクショナリに保存されます（選択肢 C は正解、選択肢 D は不正解）。

　PDB ごとの設定は、ルートコンテナで V$SYSTEM_PARAMETER ビュー（メモリー上）や PDB_SPFILE$ 表（保存されたもの）で確認できます。

　📘 間違えたらここを復習
→「2-3-3　CDB／PDB のインスタンスパラメータを変更」

正解：A、C ☑☑☑

問題 29　重要度 ★★★

PDB の初期化パラメータを変更する方法として正しいものを選択しなさい。

- ◯ A. ルートコンテナから SCOPE=PDB 名で変更する
- ◯ B. PDB に接続して変更する。保存が不要なら SCOPE=MEMORY を使用する
- ◯ C. PDB に接続して SCOPE=PDB 名で変更する
- ◯ D. PDB に接続して変更する。SCOPE を指定することはできない
- ◯ E. PDB に接続して変更する。SCOPE を指定しても常に BOTH になる

解説

　PDB で変更できる初期化パラメータは、PDB に接続して変更します。SCOPE を使用して、MEMORY（メモリー上のみ）、SPFILE（保存）、BOTH（両方）を指定することができます（選択肢 B は正解、選択肢 D と選択肢 E は不正解）。

　SPFILE への保存は、ファイルシステム上の SPFILE ではなく、ルートコンテナのディクショナリへの保存になります。非 CDB と同様、次回オープンするときに反映されます。

　ルートコンテナのままでは、PDB の初期化パラメータは変更できません（選択肢 A は不正解）。

28

SCOPE=PDB名という記述方法はありません（選択肢Cは不正解）。

■ 間違えたらここを復習

→「2-3-3　CDB／PDBのインスタンスパラメータを変更」

正解：**B**　□□□

2

問題 30　　　　　　　　　　　　　　　　　重要度 ★★★

次のコードを確認してください。

```
ALTER SYSTEM SET open_cursors=200 CONTAINER=ALL SCOPE=BOTH;
```

実行に関する説明として正しいものを2つ選択しなさい。

□ A. CDB を再起動するとリセットされる
□ B. 現在オープンしている PDB のみ反映される
□ C. SPFILE ファイルに保存される
□ D. ルートコンテナでのみ実行できる
□ E. ルートコンテナ以外に反映される

解説

　ルートコンテナで設定する初期化パラメータは、ルートコンテナのみに反映させる（CONTAINER=CURRENT）ことも、全コンテナに反映させる（CONTAINER=ALL）こともできます（選択肢Eは不正解）。

　CONTAINER=ALLは、ルートコンテナでのみ可能です。PDBに接続してメモリーを変更しようとすると「ORA-65050: Common DDLs only allowed in CDB$ROOT」エラーになります（選択肢Dは正解）。

　SCOPE=BOTHによって、メモリー上にもSPFILEにも保存されています。現在クローズしているPDBは、次回オープンするときに反映されます。CDBを再起動しても保持されます（選択肢Aと選択肢Bは不正解）

　PDBに接続して変更したパラメータは、ディクショナリ表（PDB_SPFILE$表）に保存されますが、SPFILEファイルには保存されません。一方、ルートコンテナでの変更はSPFILEファイルに保存されます（選択肢Cは正解）。

■ 間違えたらここを復習

→「2-3-3　CDB／PDBのインスタンスパラメータを変更」

正解：**C、D**　□□□

29

練習問題編

問題 31　重要度 ★★★

ルートコンテナのみで管理されるものを 3 つ選択しなさい。

- ☐ A. SYSTEM 表領域
- ☐ B. 制御ファイル
- ☐ C. REDO ログファイル
- ☐ D. SYSAUX 表領域
- ☐ E. UNDO 表領域
- ☐ F. 一時表領域

解説

制御ファイルと REDO ロググループ、UNDO 表領域は、ルートコンテナ上で管理され、各 PDB で共通して利用されます（選択肢 B、選択肢 C、選択肢 E は正解）。各 PDB は独自の表領域を管理します。

SYSTEM 表領域、SYSAUX 表領域は、各コンテナに存在します（選択肢 A と選択肢 D は不正解）。ただし、その内容は異なります。ルートコンテナにはメタデータが格納され、各 PDB には固有データが格納されます。

デフォルトでは、CDB のデフォルト一時表領域（全コンテナで共有）が使用されますが、各 PDB で固有の一時表領域を使用することもできます（選択肢 F は不正解）。

間違えたらここを復習

→「2-4-1　CDB／PDB 内の表領域を管理」

正解：**B、C、E**　☑ ☑ ☑

問題 32　重要度 ★★☆

マルチテナントの表領域に関する説明として正しいものを選択しなさい。

- ○ A. 1 つの表領域は 1 つのコンテナのみに対応付けられる
- ○ B. 表領域はルートコンテナでのみ作成できる
- ○ C. CREATE DATABASE 文でシード PDB に表領域を追加することはできない
- ○ D. 各 PDB でデータファイルを共有することができる
- ○ E. UNDO 表領域を PDB で作成することができる

解説

マルチテナント環境の表領域は、いずれかのコンテナに対応付けられています（選択肢 A は正解）。対象となるコンテナに接続して表領域を作成します（選択肢 B は不正解）。

CDB を作成するときにシード PDB が作成されますが、ルートコンテナにデフォルト永続表領域

30

2　マルチテナント

の設定（CREATE DATABASE文のDEFAULT TABLESPACE句）があれば、シードPDBにも追加されます。または、SEED句でUSER_DATA句を指定すれば、シードPDBに表領域を追加することもできます（選択肢Cは不正解）。

　データファイルは1つの表領域のみに対応することができます。マルチテナントでも各コンテナで表領域を作成しますので、データファイルを共有することはできません（選択肢Dは不正解）。

　UNDO表領域は、ルートコンテナで作成、管理します。PDBに接続してUNDO表領域を作成するとエラーは出力されませんが、表領域は作成されません。指定したデータファイルも作成されません（SQL文実行はできるがUNDO表領域は作成されていないため、選択肢Eは不正解）。

📘 **間違えたらここを復習**
→「2-4-1　CDB／PDB内の表領域を管理」

正解：A ☐☐☑☑

問題 33　　　　　　　　　　　　　　　　　　　重要度 ★★★

　次のコードを確認してください。

```
SQL> CREATE TABLESPACE tbs01 DATAFILE '/disk1/tbs01.dbf' SIZE 10M;
SQL> ALTER DATABASE DEFAULT TABLESPACE tbs01;
```

　上記のコードをルートコンテナで実行したときの結果として正しいものを2つ選択しなさい。

☐ A. 既存ユーザーのデフォルト表領域が変更される
☐ B. 既存ユーザーのデフォルト表領域は変更されない
☐ C. ルートコンテナのデフォルト永続表領域が変更される
☐ D. ルートコンテナと全PDBのデフォルト永続表領域が変更される
☐ E. ルートコンテナとシードPDBを除く全PDBのデフォルト永続表領域が変更される

解説

　マルチテナント環境のデフォルト永続表領域は、コンテナごとに構成されます。そのため、ルートコンテナの構成はルートコンテナのみに影響します（選択肢Cは正解、選択肢Dと選択肢Eは不正解）。

　デフォルト永続表領域の変更は、非CDB同様、既存ユーザーにも影響します。SYSとSYSTEMを除いて、以前のデフォルト永続表領域が割当てられていたユーザーは、新デフォルト永続表領域に変更されます（選択肢Aは正解、選択肢Bは不正解）。

📘 **間違えたらここを復習**
→「2-4-1　CDB／PDB内の表領域を管理」

正解：A、C ☐☑☑

31

練習問題編

問題 34　重要度 ★★★

次のコードを確認してください。

```
SQL> CREATE USER scott IDENTIFIED BY tiger;
```

上記のコードを PDB で実行したときの結果として正しいものを 2 つ選択しなさい。

- ☐ A. PDB のデフォルト一時表領域が設定されていない場合、CDB の SYSTEM 表領域
が使用される
- ☐ B. PDB のデフォルト一時表領域が設定されていない場合、PDB の SYSTEM 表領域
が使用される
- ☐ C. PDB のデフォルト一時表領域が設定されていない場合、CDB のデフォルト一時表
領域が使用される
- ☐ D. PDB のデフォルト一時表領域が設定されている場合、PDB のデフォルト一時表領
域が使用される
- ☐ E. PDB のデフォルト一時表領域が設定されている場合でも、CDB のデフォルト一時
表領域が使用される

解説

一時表領域とデフォルト表領域を指定せずにユーザーを作成する場合、データベースレベルの
デフォルト一時表領域とデフォルト永続表領域が使用されます。デフォルト永続表領域の割当て
は、対象コンテナ内で完結します。

一方、デフォルト一時表領域の割当てでは、ルートコンテナのデフォルト一時表領域と PDB の
デフォルト一時表領域のいずれかが使用されます。PDB で明示的にデフォルト一時表領域を指定
している場合は、PDB のデフォルト一時表領域が使用されます（選択肢 D は正解、選択肢 E は
不正解）。PDB のデフォルト一時表領域を設定していない場合に、CDB のデフォルト一時表領域
（ルートコンテナのデフォルト一時表領域）が使用されます（選択肢 C は正解、選択肢 A と選択肢
B は不正解）。

間違えたらここを復習

→ 「2-4-1　CDB／PDB 内の表領域を管理」

正解：C、D ☑☑☑

問題 35　重要度 ★★★

ALTER PLUGGABLE DATABASE 文を使用して、PDB ごとに変更できる句を 4 つ選
択しなさい。

32

2　マルチテナント

☐ A. ENABLE BLOCK CHANGE TRACKING
☐ B. DEFAULT TABLESPACE
☐ C. DEFAULT TEMPORARY TABLESPACE
☐ D. STORAGE
☐ E. DATAFILE

（解説）

　ALTER DATABASE 文による一部の構成は、ALTER PLUGGABLE DATABASE 文で PDB ごとに変更することができます（選択肢 A 以外は正解）。

　PDB ごとに変更できる操作は、PDB に接続して実行する必要があります。ルートコンテナや別 PDB から実行すると「ORA-65046: operation not allowed from outside a pluggable database」エラーとなります。

　CDB レベルでのみ実装できる機能には、フラッシュバックデータベースの有効化や変更追跡ファイルの有効化などがあります。PDB 内から実行すると「ORA-65040: operation not allowed from within a pluggable database」エラーとなります（選択肢 A は不正解、その他は変更できるため正解）。

📚 **間違えたらここを復習**
→「2-4-1　CDB／PDB 内の表領域を管理」

正解：B、C、D、E　☑ ☐ ☑

問題 36　　　　　　　　　　　　　　　　　　　　重要度 ★★★

　マルチテナント環境のユーザーに関する説明として正しいものを 2 つ選択しなさい。

☐ A. 共通ユーザーはルートコンテナでのみ作成できる
☐ B. ローカルユーザーはすべてのコンテナで作成できる
☐ C. 「CONTAINER=CURRENT」を指定しても共通ユーザーは全コンテナに作成される
☐ D. 共通ユーザー名は「C##」ではじめる必要がある
☐ E. 「CONTAINER=ALL」を指定すると各コンテナにローカルユーザーが作成される

（解説）

　ローカルユーザーは、作成したコンテナのみで存在でき、PDB でのみ作成可能です。CDB でローカルユーザーを作成すると「ORA-65096: invalid common user or role name」エラーとなります（選択肢 B は不正解）。

　共通ユーザーは、すべてのコンテナに作成されるユーザーで、「C## ユーザー名」というように接頭辞 C## を指定して作成します（選択肢 D は正解）。ルートコンテナでのみ作成可能です。PDB で共通ユーザーを作成すると「ORA-65094: invalid local user or role name」エラーとなり

33

練習問題編

ます（選択肢Aは正解）。

　ローカルユーザーはデフォルトで「CONTAINER=CURRENT」にて現コンテナに作成されます。ルートコンテナでCURRENTを指定してローカルユーザーを作成しようとすると「ORA-65049: creation of local user or role is not allowed in CDB$ROOT」エラーになります。「CONTAINER=CURRENT」は、ローカルユーザー作成時のみ指定することができます。共通ユーザー作成時に指定することはできません（選択肢Cは不正解）。

　同様に、共通ユーザーはデフォルトで「CONTAINER=ALL」にて全コンテナに作成されます。共通ユーザーを作成できるのは、ルートコンテナのみです。PDBでALLを指定して共通ユーザーを作成しようとすると「ORA-65050: Common DDLs only allowed in CDB$ROOT」エラーとなります。「CONTAINER=ALL」は、共通ユーザー作成時のみ指定することができます。ローカルユーザー作成時に指定することはできません（選択肢Eは不正解）。

◤ 間違えたらここを復習
→「2-4-2　CDB／PDBのユーザーと権限を管理」

正解：A、D ☑ ☑ ☑

問題37　　　　　　　　　　　　　　　　　　　　重要度 ★★★

　マルチテナント環境の共通ユーザー管理に関する説明として正しいものを2つ選択しなさい。

- ☐ A. 各PDBで削除することができる
- ☐ B. READ ONLYのPDBでは、次回READ WRITEになったときに追加される
- ☐ C. デフォルト表領域、一時表領域を指定する場合は、すべてのPDBに対象表領域が存在している必要がある
- ☐ D. 権限がなくてもすべてのPDBに接続できる

解説

　共通ユーザーの作成は、CREATE USER権限とSET CONTAINER権限を持つルートコンテナの共通ユーザーで実行します。共通ユーザーは、全コンテナで同時に作成されます。作成時オプションとしてデフォルト表領域や一時表領域を指定している場合は、全コンテナに対象表領域が存在している必要があります。対象表領域が存在しない場合は「ORA-65048: error encountered when processing the current DDL statement in pluggable database PDB1」のようなエラーとなります（選択肢Cは正解）。

　共通ユーザーが即時に作成されるのは、READ WRITEのPDBのみです。READ ONLYのPDBは、次回READ WRITEになったときに共通ユーザーの追加が行われます（選択肢Bは正解）。その際に、対象表領域が存在しなければ、そのPDBのデフォルト永続表領域、デフォルト一時表領域が使用されます。

34

2　マルチテナント

　共通ユーザーの作成、変更、削除は、いずれもルートコンテナでのみ可能です。各PDBは、各PDB固有となる権限管理やオブジェクト管理が可能です（選択肢Aは不正解）。

　共通ユーザーは、すべてのコンテナに作成されますが、権限は別です。CREATE SESSION権限がなければ接続はできません（選択肢Dは不正解）。権限が付与されていなければ「ORA-01045: user C##X lacks CREATE SESSION privilege; logon denied」エラーとなります。

> 🔖 間違えたらここを復習
> → 「2-4-2　CDB／PDBのユーザーと権限を管理」

正解：**B、C**

問題 38　　　　　　　　　　　　　　　　　　重要度 ★★★

　次のコードを確認してください。

```
SQL> GRANT CREATE TABLE TO c##x CONTAINER=CURRENT;
```

　上記の SQL 実行に関する説明として正しいものを選択しなさい。

- ○ A. ルートコンテナでのみ実行可能
- ○ B. PDB でのみ実行可能
- ○ C. ルートコンテナで実行した場合はすべてのコンテナに反映される
- ○ D. 実行したコンテナのみに反映される

解説

　共通ユーザー（C## ユーザー名）は、全コンテナに作成されるユーザーです。ルートコンテナでのみ作成、変更、削除が可能ですが、権限管理は、各コンテナで行うことができます。共通ユーザーに対しては、ルートコンテナと PDB のそれぞれで権限管理が行えます（選択肢Aと選択肢Bは不正解）。

　権限に対する CONTAINER 句のデフォルトは CURRENT で、現コンテナのみに反映されます（選択肢Dは正解）。ルートコンテナで共通ユーザーすべてに反映させるには、「CONTAINER=ALL」を指定する必要があります（選択肢Cは不正解）。なお、ローカルユーザーはPDBでのみ存在するため、CONTAINER=ALL を指定すると「ORA-65030: one may not grant a Common Privilege to a Local User or Role」エラーとなります。

> 🔖 間違えたらここを復習
> → 「2-4-2　CDB／PDBのユーザーと権限を管理」

正解：**D**

35

練習問題編

問題39　重要度 ★★★

マルチテナントのロール管理に関する説明として正しいものを2つ選択しなさい。

- ☐ A. ローカルロールは、共通ユーザーまたはローカルユーザーに付与できる
- ☐ B. 共通ロールは共通ユーザーのみに付与できる
- ☐ C. 共通ロールは別の共通ロールに付与できるが、ローカルロールに付与できない
- ☐ D. ルートコンテナにローカルロールを作成できる
- ☐ E. ルートコンテナでのみ共通ロールを作成できる

解説

マルチテナント環境では、ユーザー同様にロールもまた「共通」と「ローカル」があります。共通ロールはルートコンテナのみで作成可能です。ローカルロールはPDBでのみ作成可能です（選択肢Eは正解、選択肢Dは不正解）。

ロールの付与に関しては、権限の付与と同様のルールになります（選択肢Aは正解、選択肢Bは不正解）。PDBではCONTAINER=ALLは使用できません。常に現コンテナのみ対象となります。

マルチテナントでもロールを別のロールに付与することができます。この場合、そのコンテナで認識できるロールが対象となります。ルートコンテナであれば、共通ロールを別の共通ロールに付与することができます。PDBは、共通ロールを共通ロールとローカルロールのいずれにも付与することができます（選択肢Cは不正解）。

📖 **間違えたらここを復習**

→「2-4-2　CDB／PDBのユーザーと権限を管理」

正解：A、E ☑☑☑

問題40　重要度 ★★☆

マルチテナント内のスキーマ名とオブジェクト名に関する説明として正しいものを2つ選択しなさい。

- ☐ A. スキーマ名はCDB内で一意にする必要がある
- ☐ B. オブジェクト名の解決は接続先PDBのみで行われる
- ☐ C. PUBLICスキーマは個々のPDBに存在する
- ☐ D. 共通スキーマは全PDBで同じオブジェクトを共有する

解説

SYSやSYSTEMユーザー同様、各PDBにはPUBLICも存在し、全ユーザー（共通ユーザー、ローカルユーザー）が属しています（選択肢Cは正解）。

各オブジェクトは、PDB名、スキーマ名、オブジェクト名で管理されます。スキーマ名はPDB

2 マルチテナント

内で一意である必要がありますが、異なるPDBでは同じスキーマ名を使用することができます（選択肢Bは正解、選択肢Aは不正解）。

マルチテナントでは、共通ユーザーとローカルユーザーが作成できますが、ユーザー名を全PDBに存在させる（共通ユーザー）のか、特定のPDBのみに存在させる（ローカルユーザー）のかを指定しただけです。各ユーザーが持つスキーマはPDB内で固有です。各PDBに同じ名前のユーザーが存在しても、PDB間でスキーマオブジェクトを共有しているわけではありません（選択肢Dは不正解）。

📙 **間違えたらここを復習**

→「2-4-3　CDB／PDBのスキーマを管理」

正解：**B、C** ☐☐☐

問題 41　　　　　　　　　　　　　　　　　　重要度 ★★★

　マルチテナントのデータディクショナリに関する説明として正しいものを2つ選択しなさい。

☐ A. 各PDBに必要なデータは、ディクショナリ定義も含め各PDBに格納されている
☐ B. メタデータリンクを使用してPDBに格納されたメタデータにアクセスが行われる
☐ C. メタデータリンクを使用してルートに格納されたメタデータにアクセスが行われる
☐ D. PDBにしか記録されないオブジェクトのデータはオブジェクトリンクを使用してアクセスが行われる
☐ E. ルートにしか記録されないオブジェクトのデータはオブジェクトリンクを使用してアクセスが行われる

解説

マルチテナントにおける各コンテナのデータディクショナリは、ルートコンテナのみ全体を確認することができます。各PDBにはPDB固有のユーザーデータのためのエントリのみを格納し、ディクショナリとしての定義やデータベース管理用PL／SQLパッケージなどはルートコンテナに格納します。各PDBからはルートコンテナ内のディクショナリに対するポインタが記録されます（選択肢Aは不正解）。

各PDBからルートコンテナのデータに対するアクセスは内部的なデータベースリンクが使用されます。

ルートに格納されたメタデータは、「メタデータリンク」と呼ばれる内部メカニズムを使用して、各PDBからアクセスが行われます（選択肢Cは正解、選択肢Bは不正解）。

AWRデータなどの一部のデータは、ルートコンテナのみに記録されます。このようなオブジェクトデータ（非メタデータ）へのアクセスは、「オブジェクトリンク」と呼ばれる内部メカニズムを使用して各PDBからアクセスが行われます（選択肢Eは正解、選択肢Dは不正解）。

練習問題編

■ 間違えたらここを復習
→「2-4-3　CDB／PDBのスキーマを管理」

正解：**C、E**

問題42   重要度 ★★★

マルチテナントのバックアップに関する説明として正しいものを選択しなさい。

○ A. ルートコンテナでのみバックアップを取得することができる
○ B. ルートコンテナのみのバックアップを取得することはできない
○ C. ルートコンテナからPDB内の特定の表領域のみをバックアップすることはできない
○ D. ルートコンテナからPDB内の特定のデータファイルのみをバックアップすることはできない
○ E. ルートコンテナから特定のPDBのみをバックアップすることはできない

解説

マルチテナント環境では、CDB全体でも、PDB単位でも、表領域単位でもバックアップを取得することができます。CDB全体のバックアップはルートコンテナに接続し、BACKUP DATABASE文を使用することで実行できます。バックアップセットとして作成した場合、PDBごとのバックアップセットが作成されます。PDBに直接接続した場合は、そのPDB関連のファイルをバックアップすることができます（選択肢Aは不正解）。

特定のPDBのバックアップを取得するには、ルートコンテナに接続してBACKUP PLUGGABLE DATABASE文を使用するか、PDBに接続してBACKUP DATABASE文を使用します（選択肢Eは不正解）。BACKUP PLUGGABLE DATABASE文で、PDB名に「"CDB$ROOT"」を指定すれば、ルートコンテナのみのバックアップになります（選択肢Bは不正解）。

BACKUP TABLESPACE文で「PDB名：表領域名」を指定すると、ルートコンテナから特定のPDBの表領域のみをバックアップすることもできます（選択肢Cは不正解）。

ルートコンテナから特定PDBの表領域を指定することはできますが、データファイルのみを指定することはできません（選択肢Dは正解）。PDBに接続している場合は、表領域単位、データファイル単位のバックアップも指定できます。PDB名修飾子は指定できません。修飾子を指定すると「RMAN-07538: Pluggable Database qualifier not allowed when connected to a Pluggable Database」エラーとなります。

■ 間違えたらここを復習
→「2-5-1　CDB／PDBのバックアップを実行」

正解：**D**

2 マルチテナント

問題 43　重要度 ★★★

　PDB に接続しているときに実行できないバックアップ操作を選択しなさい。

○ A. BACKUP CURRENT CONTROLFILE;
○ B. BACKUP ARCHIVELOG ALL;
○ C. BACKUP TABLESPACE UNDOTBS1;
○ D. BACKUP TABLESPACE TEMP;
○ E. BACKUP PLUGGABLE DATABASE pdb1;

解説

　RMAN を使用すると、PDB にターゲットデータベースとして直接接続することができます。この場合、アーカイブログファイルと UNDO 表領域が認識されていませんので、バックアップが実行できません（選択肢 B と選択肢 C は不正解）。ただし、アーカイブログを同時に取得する PLUS ARCHIVELOG 句を指定することはできます。

　制御ファイルは、バックアップ情報を記録する RMAN リポジトリでもあり、PDB からのバックアップも可能です（選択肢 A は正解）。

　BACKUP PLUGGABLE DATABASE 文は、ルートコンテナに接続して PDB をバックアップするためのコマンドです。PDB に接続して実行すると「RMAN-07538: Pluggable Database qualifier not allowed when connected to a Pluggable Database」エラーとなります（選択肢 E は不正解）。PDB に接続して全データファイルをバックアップするなら、BACKUP DATABASE 文を使用します。

　RMAN では、再作成できるファイルはバックアップしません。そのため、非 CDB 同様、一時表領域とオンライン REDO ログファイルはバックアップできません（選択肢 D は不正解）。

> 間違えたらここを復習
> →「2-5-1　CDB／PDB のバックアップを実行」

正解：A　□□□

問題 44　重要度 ★★☆

　次のコマンドを確認してください。

```
RMAN> BACKUP DATABASE PLUS ARCHIVELOG;
```

　上記のコマンドをルートコンテナに接続して実行したときに取得されるバックアップファイルとして正しいものを選択しなさい。

○ A. ルートコンテナの全データファイル

39

練習問題編

　　　存在するすべてのアーカイブログ
　　　制御ファイルと SPFILE
○ B. ルートコンテナの全データファイル
　　　存在するすべてのアーカイブログ
○ C. CDB の全データファイル
　　　存在するすべてのアーカイブログ
　　　制御ファイルと SPFILE
○ D. CDB の全データファイル
　　　存在するすべてのアーカイブログ

解説

　ルートコンテナに接続することで、CDB全体またはPDB単位のバックアップが取得できます。BACKUP DATABASE文は、全データファイルのバックアップです。問題文ではルートコンテナに接続しているため、CDBのすべてのデータファイル（シードPDBも含む）が対象となります（選択肢Aと選択肢Bは不正解）。

　SYSTEM表領域のデータファイルであるファイル番号「1」をバックアップすると同時に、制御ファイルとSPFILEもバックアップされます（選択肢Cは正解、選択肢Dは不正解）。

　PLUS ARCHIVELOG句を指定しているため、RMANリポジトリで認識されたすべてのアーカイブログもバックアップされます。DELETE ALL INPUTが指定されていれば、バックアップ後の削除もできます。

間違えたらここを復習
→「2-5-1　CDB／PDBのバックアップを実行」

正解：C

問題 45　　　　　　　　　　　　　　　　　　　　　　重要度 ★★★

　マルチテナント環境のユーザー管理のバックアップに関する説明として正しいものを2つ選択しなさい。

☐ A. ルートコンテナから CDB 単位でバックアップモードに変更することができる
☐ B. ルートコンテナから PDB 単位でバックアップモードに変更することができる
☐ C. ルートコンテナから PDB の表領域単位でバックアップモードに変更することができる
☐ D. PDB から PDB 単位でバックアップモードに変更することができる
☐ E. PDB からデータファイル単位でバックアップモードに変更することができる

40

2　マルチテナント

解説

　RMANを使用している場合のオンラインバックアップではそのままBACKUP文を開始できます。しかし、RMANを使用しないユーザー管理のオンラインバックアップは、バックアップモードに変更してからファイルコピーが必要です。

　ルートコンテナに接続した場合、CDB全体、またはルートコンテナの表領域をバックアップモードにすることができます。ルートコンテナからPDB単位やPDBの表領域をバックアップモードにすることはできません（選択肢Aは正解、選択肢BとC選択肢Cは不正解）。

　PDB単位やPDBの表領域をバックアップモードにするには、PDBに接続してバックアップモードにします（選択肢Dは正解）。非CDB同様にALTER DATABASE {BEGIN|END} BACKUP文を使用できますが、推奨されているのはALTER PLUGGABLE DATABASE {BEGIN|END} BACKUP文です。

　バックアップモードの変更は、データベースレベルか表領域レベルでのみ可能です。データファイル単位の構文はありません（選択肢Eは不正解）。

■ 間違えたらここを復習

→「2-5-1　CDB／PDBのバックアップを実行」

正解：A、D □□□

問題46　　　　　　　　　　　　　　　　　　　　　　重要度 ★★★

　マルチテナント環境のユーザー管理のバックアップに関する説明として正しいものを2つ選択しなさい。

☐ A. いずれのコンテナからも制御ファイルの再作成スクリプトを生成することができる
☐ B. ルートコンテナでのみ制御ファイルの再作成スクリプトを生成することができる
☐ C. バックアップモード中の表領域が存在しても PDB をクローズできる
☐ D. バックアップモード中の表領域が存在すると PDB を IMMEDIATE モードでのみクローズできる
☐ E. バックアップモード中の表領域が存在すると PDB をクローズできない

解説

　制御ファイルの再作成は、マルチテナント環境でも可能です。ALTER DATABASE BACKUP CONTROLFILE TO TRACE文で再作成スクリプトを用意し、制御ファイルの再作成に利用することができます。スクリプト化や実際の再作成処理はルートコンテナに接続して実行します。PDBに接続して実行すると「ORA-65040: operation not allowed from within a pluggable database」エラーとなります（選択肢Bは正解、選択肢Aは不正解）。

　バックアップモード（BEGIN BACKUP）中の表領域が存在する場合、PDB、CDBともに停止することはできません。CDBであれば、ABORTでインスタンスを停止することができますが、PDB

41

には、既存セッションを考慮する CLOSE と、既存トランザクションをロールバックし既存セッションを切断する CLOSE IMMEDIATE しかありません。バックアップモード中の表領域が存在すると、PDB 単位での停止はできません（選択肢 E は正解、選択肢 C と選択肢 D は不正解）。

間違えたらここを復習

→「2-5-1　CDB／PDB のバックアップを実行」

正解：**B、E** ☑☑☑

問題 47　　　　　　　　　　　　　　　　　　　　　　　　　　　　重要度 ★★★

　マルチテナント環境の障害に対するリカバリ動作に関する説明として正しいものを 2 つ選択しなさい。

- ☐ A. PDB がクラッシュすると、次回 PDB をオープンする際に PDB のクラッシュリカバリが行われる
- ☐ B. 欠落した一時ファイルの自動再作成は CDB／PDB がオープンするときに行われる
- ☐ C. ルートコンテナの SYSTEM 表領域に属するデータファイル障害では、ルートコンテナのみ停止が必要
- ☐ D. PDB の SYSTEM 表領域に属するデータファイル障害では CDB の停止が必要
- ☐ E. UNDO 表領域の障害では PDB をオープンしたままリカバリすることができる

解説

　マルチテナントでは、CDB に対してインスタンスが対応付けられています。そのため、CDB の異常終了などでインスタンス障害が発生した場合のインスタンス／クラッシュリカバリは、CDB レベルで行われます。一方、PDB のクラッシュは、IMMEDIATE による PDB の強制クローズです。次回オープン時ではなく、PDB クラッシュした際にトランザクションがロールバックされています（選択肢 A は不正解）。

　CDB／PDB ともに SYSTEM 表領域に障害が発生した場合、CDB をマウントしてリカバリを実行します。つまり、全 PDB の停止が必要になります（選択肢 D は正解、選択肢 C は不正解）。なお、PDB がクローズしている間に PDB の SYSTEM 表領域に障害があった場合は、CDB はオープンしたまま、対象ファイルのみのリカバリが実行できます。

　UNDO 表領域は、CDB レベルで管理されます。非 CDB 同様、アクティブな UNDO セグメントを含む UNDO 表領域に障害が発生した場合、データベースをオープンすることができません。CDB をマウントしてリカバリするため、PDB をオープンしておくことはできません（選択肢 E は不正解）。

　非 CDB 同様、一時ファイルが欠落している場合、次回オープンするときに自動再作成できます。一時表領域はルートコンテナと PDB でそれぞれ個別に保持しており、それぞれのコンテナがオープンするときに再作成されます（選択肢 B は正解）。CDB／PDB ともに、自動再作成が行われた場合は、アラートログに「Re-creating tempfile /u01/app/oracle/oradata/cdb1/pdb2/pdbseed_

42

2　マルチテナント

temp01.dbf」というようなメッセージが記録されます。

📚 間違えたらここを復習

→「2-5-2　CDB／PDBのリカバリを実行」

正解：**B、D** ☐☐☐

2

問題 48　　　　　　　　　　　　　　　　重要度 ★★★

マルチテナントのリカバリに関する説明として正しいものを2つ選択しなさい。

☐ A. ルートコンテナがオープンされるときにインスタンス障害に対するリカバリが実行される

☐ B. インスタンス障害に対するリカバリでは、PDBがオープンされる前にPDBのトランザクションのロールバックが実行される

☐ C. PDBで一時ファイルを明示的に再作成することはできない

☐ D. バックアップ制御ファイルを使用したリカバリの後で各PDBをRESETLOGSでオープンする

☐ E. NOARCHIVELOGモードで特定のPDBファイルに障害が発生した場合でも、CDB全体（制御ファイルと全データファイル）をリストアすることになる

解説

　インスタンス障害に対するリカバリは、非CDBと同様に、REDOログファイルを使用してリカバリ対象ブロックを識別し、対象ブロックに対するREDO適用（ロールフォワード）と未コミットの取消し（ロールバック）が行われます。ロールフォワードはCDB（ルートコンテナ）がマウントされた後で行われ、ロールバックは各コンテナがオープンした後で行われます（選択肢Aは正解、選択肢Bは不正解）。

　一時ファイルに障害が発生した場合、各コンテナがオープンされるときに自動再作成が行われますが、明示的に手動で再作成することもできます。各コンテナに接続し、非CDB同様の構文を使用して再作成します（選択肢Cは不正解）。

　制御ファイルが全滅した場合は、制御ファイルを再作成するかバックアップ制御ファイルを使用しますが、バックアップ制御ファイルのリストア、制御ファイルのリカバリ後、RESETLOGSでオープンが必要です。これらの作業は、CDBレベル（ルートコンテナ）で行います。RESETLOGSでオープン後、PDBを通常どおりオープンすることができます（選択肢Dは不正解）。

　NOARCHIVELOGモードの場合、非CDBと同様、データベースをマウントした状態で全データファイルと制御ファイルをバックアップします。いずれのファイルに障害があっても、全データファイルと制御ファイルをリストアするのが基本です。したがって、PDBの一部のデータファイルに障害があると、CDB全体をリストアすることになります（選択肢Eは正解）。バックアップしてからREDOログファイルが上書きされていないのであれば、障害ファイルのみのリストア／リカバリは

可能です。

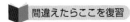
→「2-5-2　CDB／PDBのリカバリを実行」

正解：A、E

問題 49　重要度 ★★★

すべてのPDBを停止する必要がある障害を5つ選択しなさい。

- ☐ A. ルートコンテナのSYSTEM表領域
- ☐ B. ルートコンテナのSYSAUX表領域
- ☐ C. ルートコンテナのUNDO表領域
- ☐ D. PDBのSYSTEM表領域
- ☐ E. PDBのSYSAUX表領域
- ☐ F. PDBのUNDO表領域
- ☐ G. 制御ファイル
- ☐ H. 現行REDOロググループ

解説

　ルートコンテナのオープンを維持できない障害が発生した場合は、すべてのPDBを停止してリカバリする必要があります。対象となるのは、制御ファイルと現行REDOロググループの全滅、ルートコンテナのSYSTEM表領域、UNDO表領域です（選択肢A、選択肢C、選択肢G、選択肢Hは正解）。

　PDBのSYSTEM表領域障害時は、対象PDBをクローズする必要があります。PDBをクローズできない場合は、CDBを再起動する必要があるため、全PDBを停止することになります（選択肢Dは正解）。

　SYSAUX表領域はオフラインにできる表領域です。そのため、ルートコンテナ、PDBを問わずオープンしたままリカバリすることができます。ほかのコンテナにも影響を与えません（選択肢Bと選択肢Eは不正解）。

　UNDO表領域はCDBレベルで構成する必要があるため、ルートコンテナで管理します。PDBではUNDO表領域を管理することはできません（選択肢Fは不正解）。

間違えたらここを復習
→「2-5-2　CDB／PDBのリカバリを実行」

正解：A、C、D、G、H

2 マルチテナント

問題 50　重要度 ★★★

PDB のデータファイル障害に関する説明として正しいものを 2 つ選択しなさい。

- ☐ A. PDB がクローズ時に SYSTEM 表領域をリカバリするには CDB をマウントする
- ☐ B. PDB がオープン時に SYSTEM 表領域をリカバリするには CDB をマウントする
- ☐ C. PDB の非 SYSTEM 表領域の障害はルートコンテナからのみリカバリできる
- ☐ D. PDB の非 SYSTEM 表領域の障害はルートコンテナだけでなく対象 PDB からもリカバリできる
- ☐ E. PDB のファイル障害は PDB 全体をリカバリする必要がある

解説

PDB のデータファイル障害は、非 CDB 同様、データベース全体、データファイル単位、表領域単位で行うことができます（選択肢 E は不正解）。

PDB の SYSTEM 表領域をリカバリする場合、PDB をクローズした状態で行う必要があります。しかし、SYSTEM 表領域に障害があると PDB をクローズすることができない可能性があります。その場合は、CDB を再起動し、強制的に PDB をクローズ状態にしてからリカバリします（選択肢 B は正解、選択肢 A は不正解）。

PDB の非 SYSTEM 表領域は、PDB をオープンしたままリカバリすることができます。ほかの PDB も 動作 を 続 けることができます。ルートコンテナに 接 続 した 場 合 は、PDB 全体（{RESTORE|RECOVER} PLUGGABLE DATABASE *PDB 名*）、または 表領域単位（{RESTORE|RECOVER} TABLESPACE *PDB 名：表領域名*）でリカバリできます。表領域をオフラインにするには PDB 接続が必要になることから、SYSTEM 表領域障害や PDB 全体などの PDB がクローズしているときの作業に適しています。PDB に接続してリカバリする場合は、非 CDB 同様のコマンドで、PDB 全体、表領域、データファイル単位でリカバリすることができます（選択肢 D は正解、選択肢 C は不正解）。

間違えたらここを復習

→「2-5-2　CDB／PDB のリカバリを実行」

正解：B、D

問題 51　重要度 ★★★

マルチテナント環境で可能な Point-in-time リカバリを 3 つ選択しなさい。

- ☐ A. CDB 全体
- ☐ B. PDB 全体
- ☐ C. ルートコンテナの各表領域
- ☐ D. PDB 内の各表領域
- ☐ E. ユーザーデータ用表領域

45

解説

マルチテナント環境でもPoint-in-timeリカバリ（PITR、不完全リカバリ）を実行することが可能です。CDB全体のDBPITR、PDB全体のPDB PITR、SYSTEM、SYSAUX、UNDO表領域を除く表領域のPITR（TSPITR）が可能です。

CDB全体のDBPITRは、非CDB環境と同じです。CDBに含まれるすべてのデータファイルを過去の時点に戻します（選択肢Aは正解）。PDB全体のPDB PITRは、一種のTSPITRです。PDBに含まれるすべての表領域を過去時点に戻します（選択肢Bは正解）。

TSPITRは、非CDB同様、SYSTEM表領域、SYSAUX表領域、UNDO表領域を除く表領域が対象になります（選択肢Eは正解、選択肢Cと選択肢Dは不正解）。

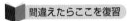
→「2-5-2　CDB／PDBのリカバリを実行」

正解：A、B、E

問題52　重要度 ★★★

次のコードを確認してください。

```
RMAN> connect target /
RMAN> ALTER PLUGGABLE DATABASE pdb1 CLOSE;
RMAN> RUN{
2   SET UNTIL SCN 2332059;
3   RESTORE PLUGGABLE DATABASE pdb1;
4   RECOVER PLUGGABLE DATABASE pdb1
5     AUXILIARY DESTINATION '/disk3';
6 }
RMAN> ALTER PLUGGABLE DATABASE pdb1 OPEN RESETLOGS;
```

上記のコードの実行に関する説明として正しいものを2つ選択しなさい。

- □ A. REDOログファイルの再作成が行われる
- □ B. REDOログのログ順序番号が1にリセットされる
- □ C. PDBのインカネーション番号が変更される
- □ D. CDBのインカネーション番号が変更される
- □ E. 制御ファイル内容が変更される

解説

PDB単位のPITRは、クローズしたPDBに対し、PDBの全データファイルのリストアとPITRターゲットまでのリカバリを実行します。非CDBでPITR後にRESETLOGSでオープンするのと

同様、PDB の PITR でも RESETLOGS でオープンが必要です。

RESETLOGS を指定せずに PDB をオープンすると「ORA-01113: file 16 needs media recovery」エラーとなります。また、非 CDB のように READ ONLY でオープンすることもできません。READ ONLY を指定して PDB をオープンすると「ORA-00704: bootstrap process failure」「ORA-01187: cannot read from file because it failed verification tests」エラーとなります。

PDB を RESETLOGS でオープンしても CDB は影響を受けません。PDB の RESETLOGS では CDB のインカネーション番号はそのままに PDB のインカネーション番号が変更されます（選択肢 C は正解、選択肢 D は不正解）。

PDB の RESETLOGS では、制御ファイル内の PDB 情報が変更されますが、REDO ログファイルはそのままです。PDB に関する REDO ログは、各 REDO ログレコードのヘッダに PDB ID を含めているため、CDB 全体の RESETLOGS 時のように REDO ログファイルを再作成したり、REDO ログ順序番号を 1 にリセットする必要がありません（選択肢 E は正解、選択肢 A と選択肢 B は不正解）。

📖 **間違えたらここを復習**
→「2-5-2　CDB／PDB のリカバリを実行」

正解：**C、E** ☐☐☐

問題 53　　　　　　　　　　　　　　　　　　　　　重要度 ★★★

マルチテナントのフラッシュバックデータベースに関する説明として正しいものを選択しなさい。

- ○ A. ルートコンテナのみをフラッシュバックすることができる
- ○ B. ルートコンテナのみがフラッシュバックされる
- ○ C. フラッシュバックデータベースは PDB ごとに有効化できる
- ○ D. PDB PITR ターゲット以前でもそのままフラッシュバックできる
- ○ E. RESETLOGS 前に PDB を READ ONLY でオープンすることができる

解説

マルチテナント環境におけるフラッシュバックデータベースは、CDB レベルで有効化します。そのため、ルートコンテナに接続して、ALTER DATABASE FLASHBACK ON を実行します。PDB に接続して実行した場合は「ORA-03001: unimplemented feature」エラーとなります（選択肢 C は不正解）。

過去に戻すためのフラッシュバックも同様に CDB レベルで実行します。特定の PDB のみやルートコンテナのみ戻すことはできません。PDB で実行すると「ORA-65040: operation not allowed from within a pluggable database」エラーとなります（選択肢 A は不正解）。

ルートコンテナに接続してフラッシュバックを実行すると、CDB 全体がフラッシュバックされま

47

練習問題編

す。ルートコンテナだけがフラッシュバックされるような動作ではありません（選択肢Bは不正解）。

　フラッシュバックで指定するターゲットは、フラッシュバックログの生存範囲である必要があります。PDBのPITRターゲットよりも前に戻そうとすると「ORA-39866: Data files for Pluggable Database PDB1 must be offline to flashback across PDB point-in-time recovery.」のようなエラーとなります。ただし、メッセージのとおり、対象PDBをオフラインにし、フラッシュバック後、対象PDBをリストア／リカバリすることは可能です（そのままフラッシュバックできるとはいえないため、選択肢Dは不正解）。

　フラッシュバックデータベースの完了後は、READ ONLYでオープンして検証し、RESETLOGSでオープンして完了します。CDBをREAD ONLYでオープンした後、PDBを同様にREAD ONLYでオープンすることができます（選択肢Eは正解）。

間違えたらここを復習

→「2-5-3　CDB／PDBのフラッシュバックを実行」

正解：E ☑☑☑

本章の出題頻度
★★☆☆

練習問題編

3 情報ライフサイクル管理（ILM）

学習日
| / | / | / |

本章の出題範囲は次のとおりです。

- ヒートマップと自動データ最適化
- データベース内アーカイブ
- 時制有効性
- フラッシュバックデータアーカイブの拡張

問題 1　　　　　　　　　　　　　　　　　　　　　　重要度 ★★★

自動データ最適化を使用するための設定として正しいものを選択しなさい。

○ A. セッションレベルで heat_map パラメータを ON にする
○ B. インスタンスレベルで heat_map パラメータを ON にする
○ C. 初期化パラメータファイルで heat_map パラメータを ON にし、インスタンスを再起動する
○ D. ALTER DATABASE HEAT_MAP ON を実行する
○ E. ALTER TABLE ... HEAT_MAP ON を実行する

解説

自動データ最適化を使用すると、データのライフサイクルに応じた圧縮処理や表領域移動を自動化することができます。データのアクセスパターンはヒートマップによって収集されますが、インスタンス全体での収集が必要です。そのため、heat_map パラメータをインスタンスレベルで有効化します。heat_map パラメータが無効の場合、ADO ポリシー作成時に「ORA-38342: heat map not enabled」エラーとなります（選択肢 B は正解）。

heat_map パラメータは、動的初期化パラメータのため、インスタンスを再起動する必要はありません（選択肢 C は不正解）。

セッションレベルで heat_map パラメータを変更することはできますが、この場合は自動データ最適化が有効になりません。単純なアクセス統計の収集だけとなります（選択肢 A は不正解）。

ALTER DATABASE や ALTER TABLE 文でヒートマップは有効化できません（選択肢 D と選択肢 E は不正解）。

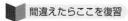 間違えたらここを復習
→「3-1-1　ヒートマップ」

正解：B

練習問題編

問題2 　　　　　　　　　　　　　　　　　　　　　　　　重要度 ★★★

ヒートマップに関する説明として正しいものを3つ選択しなさい。

☐ A. SYSTEM 表領域に格納される
☐ B. SYSAUX 表領域に格納される
☐ C. セグメントレベル、ブロックレベルのデータ変更が収集される
☐ D. セグメントレベルのデータアクセスが収集される
☐ E. サービスレベルの接続情報が収集される

解説

　heat_map パラメータをONに設定することで、SYSTEM表領域とSYSAUX表領域以外の表領域に格納されたセグメントに対するアクセス統計の収集がおこなれます。

　データ変更に関する情報は、セグメントレベルとレコードが格納されるデータブロックレベルで行われます（選択肢Cは正解）。アクセスがあったかどうかの判定は、セグメントレベルで行われます。セグメントレベルでは、最終アクセス時間や最終変更時間が記録されます（選択肢Dは正解）。

　ヒートマップによるアクセス統計は、セグメント、ブロック（ブロックが格納されるエクステントも識別）に対するアクセス統計です。接続情報などは対象外です（選択肢Eは不正解）。

　収集されたデータは、SYSAUX表領域に格納されます（選択肢Bは正解、選択肢Aは不正解）。

間違えたらここを復習
→「3-1-1　ヒートマップ」

正解：**B、C、D** ☑☑☑

問題3 　　　　　　　　　　　　　　　　　　　　　　　　重要度 ★★★

ヒートマップ統計の収集に関する説明として正しいものを2つ選択しなさい。

☐ A. DBMS_SCHEDULER ジョブで定期的にフラッシュされる
☐ B. ヒートマップを無効化したときにフラッシュされる
☐ C. メモリー上では定期的に収集される
☐ D. メモリー上ではリアルタイムに収集される

解説

　ヒートマップを有効化すると、ブロックやセグメントに対するアクティビティが追跡され、リアルタイムでメモリー上に収集されます（選択肢Dは正解、選択肢Cは不正解）。

　メモリー上の収集結果は、1時間に1度、スケジューラジョブ（DBMS_SCHEDULER）でSYSAUX表領域にフラッシュされます（選択肢Aは正解、選択肢Bは不正解）。

50

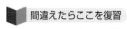
→「3-1-1　ヒートマップ」

正解：A、D

問題 4　　　　　　　　　　　　　　　　　　　　　　重要度 ★★★

次のシステム要件を確認してください。

- 最新データ：検索／更新多い
- 2ヶ月後：検索多い
- 6ヵ月後：ほぼアクセスなし
- 5年間はデータ保存しておく必要

この要件にあわせて使用するストレージを最適化する方法として適切な機能を選択しなさい。

○ A. 自動データ最適化
○ B. データベース内アーカイブ
○ C. 統合監査
○ D. 時制有効性
○ E. 自動ストレージ管理

解説

データのライフサイクル（情報管理ライフサイクル：ILM）を考慮した場合、データが生成されてから削除されるまでのアクセスパターンが異なるはずです。アクセスパターンにあわせて最適なストレージを割当てることを検討します。

アクティブな期間が終わり、保管の期間に移るに当たって、大容量のストレージにデータの移動を検討する場合、異なる表領域に移動することになります。できるだけ多くのデータを保存するために圧縮も検討します。アクセスパターンに応じて、自動的に圧縮や表領域の移動ができるのは「自動データ最適化（ADO）」です（選択肢Aは正解）。

「データベース内アーカイブ」は、通常は非表示にしておき、必要なときに参照できるように、データベース内にデータを保持しておく機能です。「時制有効性」は、データに有効期間を設定し、有効期間内にあるデータのみ表示できる機能です。いずれも、アクティブなデータや保管期のデータで非表示にするときに使用できますが、ILM全体のための機能ではありません（選択肢Bと選択肢Dは不正解）。

「統合監査」は、標準監査やファイングレイン監査、Oracle Database Vault監査などを1つの統合監査証跡にまとめて、セキュリティ管理や管理の簡素化を提供する機能です。アクティブなデータや保管期のデータのセキュリティ管理に使用できますが、ILMのための機能ではありません

練習問題編

（選択肢Cは不正解）。

「自動ストレージ管理（ASM）」は、ディスクをグループ化し、冗長化やストライプ化を提供する機能です。個別のディスクを管理せずに、データベース側からはファイルシステムのように扱うことができます。Oracle Database 11gR2以降は、OSからもファイルとして扱えるACFS（ASMクラスタファイルシステム）も用意されています。アクティブなデータや保管期のデータの保存場所として使用することはできますが、ILMのための機能ではありません（選択肢Eは不正解）。

📖 **間違えたらここを復習**

→「3-1-2　自動データ最適化」

▶**参照**

「4-1-1　統合監査」
「3-2-1　データベース内アーカイブ」
「3-2-2　時制有効性」

正解：**A** ☑☑☑

問題5　　　　　　　　　　　　　　　　　　　　　　　　重要度 ★★★

　自動データ最適化を使用して自動的に実行できる処理を2つ選択しなさい。

- ☐ A. 縮小
- ☐ B. 圧縮
- ☐ C. 変更の伝播
- ☐ D. 表領域の移動
- ☐ E. 索引の再構築

解説

　自動データ最適化は、指定した期間に指定したアクセスパターンがない場合に圧縮を行い、格納表領域が満杯になったら表領域を移動させることを自動化できる機能です（選択肢Bと選択肢Dは正解）。

　対象表に索引が存在していれば、内部的に再構築（REBUILD）が行われますが、再構築を単体で行う機能ではありません（選択肢Eは不正解）。変更を伝播し同期化を行うのはOracle GoldenGate（Oracle Streamsの後継）の機能です（選択肢Cは不正解）。

　表の圧縮は、重複した値を除外する「拡張行圧縮」（Oracle Database 11gR2以前はOLTP圧縮とよばれていたもの）、または「列圧縮」（ExadataのHybrid Columnar Compression：HCC）を使用します。使用領域を移動し空き領域を開放する縮小（SHRINK）機能は使用していません（選択肢Aは不正解）。

📖 **間違えたらここを復習**

→「3-1-2　自動データ最適化」

正解：**B、D** ☑☑☑

3 情報ライフサイクル管理（ILM）

問題6　重要度 ★★★

自動データ最適化の圧縮ポリシーを作成するときに指定する要素を4つ選択しなさい。

☐ A. アクセスパターンとなる条件
☐ B. 評価対象となる有効範囲
☐ C. 評価対象となるユーザー
☐ D. 圧縮タイプ
☐ E. 評価期間

3

解説

　自動データ最適化（ADO）ポリシーは、どのような条件でいつポリシーを適用するのかを設定したものです。圧縮ポリシーでは、「有効範囲」（表領域、グループ、セグメント、行）に対し、「圧縮タイプ」（基本、拡張行、列圧縮）や「アクセスパターン」（変更なし、アクセスなし、アクセス減少、作成）を設定します。パターンが設定した「評価期間」（n年後、n月後、n日後）を超過すると設定した圧縮を行います。

　ADOポリシーの評価では、実行ユーザーは限定できません。いずれのユーザー処理だったとしても、圧縮と表領域移動のADOポリシーが満たされればアクションが実行されます（選択肢Cは不正解、その他が正解）。

間違えたらここを復習

→「3-1-2　自動データ最適化」

正解：A、B、D、E ☑☑☑

問題7　重要度 ★★★

自動データ最適化の移動ポリシーに関する説明として正しいものを2つ選択しなさい。

☐ A. 移動先表領域を READ ONLY に設定できる
☐ B. スキーマごとに移動先表領域を設定できる
☐ C. 表領域の満杯判定はデータベースレベルで設定される
☐ D. 表領域の満杯判定はセグメントレベルで設定される
☐ E. 表領域の満杯判定はスキーマレベルで設定される

解説

　移動ポリシーは、元の表領域が満杯というしきい値を超えると、表領域が移動されます。セグメントまたは表領域に対して、移動先表領域を設定します（スキーマレベルではないため選択肢Bは不正解）。

　移動ポリシーでREAD ONLY句を指定した場合は、移動が実行された後、移動先表領域が

READ ONLYに変更されます。バックアップリカバリ観点でメリットがある場合に検討します（選択肢Aは正解）。

満杯となるしきい値は、データベースレベルで設定されています。デフォルトでは、表領域の使用率が85％を超えると移動が開始され、25％の空き領域が作成できると移動をやめます。しきい値はDBMS_ILM_ADMIN.CUSTOMIZE_ILMプロシージャで変更できますが、データベースレベルでのみ変更できます。スキーマレベルやセグメントレベルで設定はできません（選択肢Cは正解、選択肢Dと選択肢Eは不正解）。

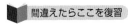
→「3-1-2　自動データ最適化」

正解：A、C

問題8　重要度 ★★★

自動データ最適化ポリシーに関する説明として正しいものを2つ選択しなさい。

- □ A. 圧縮ポリシーと移動ポリシーを同じセグメントに設定することはできない
- □ B. 評価方法として独自にカスタマイズしたロジックを使用することはできない
- □ C. 行レベルのポリシーでは、NO MODIFICATIONのみ使用できる
- □ D. 1つのセグメントに複数の行レベルポリシーを作成できる
- □ E. ポリシーが継承される場合にオーバーライドすることができる

解説

有効範囲が行の場合、拡張行圧縮（ROW STORE COMPRESS ADVANCED）で変更なし（NO MODIFICATION）以外のアクセスパターンを指定すると、「ORA-38336: invalid policy」や「ORA-38338: incorrect ILM policy scope」エラーとなります（選択肢Cは正解）。

同じセグメントに圧縮ポリシーと移動ポリシーをそれぞれ定義することは可能です（同時に定義できるため選択肢Aは不正解）。

しかし、圧縮ポリシーで行レベルを複数定義することはできません。異なる評価期間や圧縮タイプを使用して複数の圧縮ポリシーを定義すると「ORA-38325: policy conflicts with policy 101」のようなエラーとなります（同時に定義できないため選択肢Dは不正解）。

有効範囲がセグメントの場合、カスタムポリシーを使用することができます。圧縮ポリシーのアクセスパターンと評価期間、移動ポリシーの表領域の使用量の評価の代わりに独自にカスタマイズしたロジックを使用することができます（選択肢Bは不正解）。

表領域とセグメントの有効範囲には、ポリシーの継承構造があります。また、表と表パーティションの間にも継承構造があります。子レベルのポリシーでオーバーライドすることが可能です（選択肢Eは正解）。

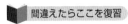
→「3-1-2　自動データ最適化」

3 情報ライフサイクル管理(ILM)

正解：C、E

問題9　重要度 ★★★

次のコードを確認してください。

```
-- ポリシー1
ALTER TABLE t1 ILM ADD POLICY
  ROW STORE COMPRESS ADVANCED
  SEGMENT AFTER 1 DAY OF NO MODIFICATION;

-- ポリシー2
ALTER TABLE t1 ILM ADD POLICY
  COLUMN STORE COMPRESS FOR QUERY HIGH
  SEGMENT AFTER 1 MONTHS OF NO MODIFICATION;

-- ポリシー3
ALTER TABLE t1 ILM ADD POLICY
  TIER TO histtbs ON t1_check_func;

-- ポリシー4
ALTER TABLE t1 ILM ADD POLICY
  COLUMN STORE COMPRESS FOR ARCHIVE HIGH
  SEGMENT AFTER 1 YEAR OF NO ACCESS;
```

上記の順にポリシーを追加した場合に実行エラーとなるポリシーの競合を2つ選択しなさい。

☐ A. ポリシー2がポリシー1に競合する
☐ B. ポリシー3がポリシー1に競合する
☐ C. ポリシー3がポリシー2に競合する
☐ D. ポリシー4がポリシー1に競合する
☐ E. ポリシー4がポリシー2に競合する
☐ F. ポリシー4がポリシー3に競合する

解説

1つのセグメントに複数のポリシーを定義することは可能ですが、競合しないポリシーである必要があります。圧縮ポリシーでは、同じアクセスパターン（変更なし、アクセスなし、アクセス減少）である必要があります。また、同じ評価期間を設定したり、後からより低い圧縮レベルを使用したりすることもできません。

問題のポリシー3は、移動ポリシーです。ほかの圧縮ポリシーと競合せず、同時に設定することができます（選択肢Bと選択肢Cは不正解）。

ポリシー2は、ポリシー1と同じ「NO MODIFYCATION」をアクセスパターンに使用しているため、同時に設定することができます（選択肢Aは不正解）。

ポリシー4は、圧縮ポリシーのため、移動ポリシーであるポリシー3と同時に設定することはできます。しかし、同じ圧縮ポリシーであるポリシー1と2で使用している「NO MODIFYCATION」ではなく「NO ACCESS」を使用しています。圧縮ポリシーでは1つのアクセスパターンのみ追跡可能なため、「ORA-38323: policy conflicts with policy 290」のような競合エラーとなります（選択肢Dと選択肢Eは正解）。

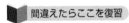

→「3-1-2　自動データ最適化」

正解：**D、E**

問題10　重要度 ★★☆

自動データ最適化ポリシーの動作に関する説明として正しいものを2つ選択しなさい。

- □ A. 行レベルのADOポリシーはMMONによって15分ごとに実行される
- □ B. MMONによる評価間隔は15分に固定されている
- □ C. セグメントレベル、グループレベルのADOポリシーはメンテナンスウィンドウによって実行される
- □ D. MMONの評価間隔を変更することでのみ手動でADOポリシーの評価を実行できる

解説

圧縮ポリシーの評価は、メンテナンスウィンドウとMMONによって実行されます。セグメントレベルとグループレベルは、メンテナンスウィンドウがオープンされるとジョブが作成され、実行されます。行レベルでは、MMONがデフォルトで15分間隔で評価します（選択肢Aと選択肢Cは正解）。

行レベルを評価するMMONの動作は、DBMS_ILM_ADMIN.CUSTOMIZE_ILMプロシージャで変更できます（変更できるため、選択肢Bは不正解）。

DBMS_ILM.EXECUTE_ILMプロシージャを使用して、手動でADOポリシーの評価を即時実行することができます（MMON不要のため選択肢Dは不正解）。または、DBMS_ILM.EXECUTE_ILM_TASKプロシージャを使用して、スケジュール化された評価を実行することも可能です（現在は即時実行のみ）。

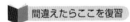

→「3-1-2　自動データ最適化」

正解：**A、C**

3 情報ライフサイクル管理（ILM）

問題 11

重要度 ★★★

次のコードを確認してください。

```
exec DBMS_ILM_ADMIN.DISABLE_ILM
```

上記のコードで設定している内容を選択しなさい。

○ A. すべてのポリシーを削除
○ B. すべてのポリシーを無効化
○ C. すべてのポリシーを無効化してバックグラウンドの ADO スケジュールを無効化
○ D. すべてのポリシーを無効化せずにバックグラウンドの ADO スケジュールを無効化

解説

DBMS_ILM_ADMIN.DISABLE_ILM プロシージャは、ポリシーは有効なまま、バックグラウンド処理のみを無効化します。バックグラウンド ADO が停止することで、MMON やメンテナンスウィンドウによるバックグラウンド処理が停止します。一方、ポリシーは有効であるため、手動による管理（評価やアクション実行など）は可能です（選択肢 D は正解）。

すべてのポリシーを無効化／有効化、削除するには、ALTER TABLE 文を使用します（選択肢 A と選択肢 B は不正解）。

自動データ最適化を完全に終了するには、インスタンスレベルで heat_map パラメータを OFF に設定し、ヒートマップ統計の収集も終了しておきます。必要に応じて、DBMS_ILM_ADMIN.CLEAR_HEAT_MAP_ALL プロシージャなどを使用して、ヒートマップ統計を削除することもできます（選択肢 C は不正解）。

間違えたらここを復習
→「3-1-2　自動データ最適化」

正解：**D**

問題 12

重要度 ★★★

ADO ポリシーやアクションに関する説明として正しいものを 2 つ選択しなさい。

☐ A. CREATE TABLE...AS SELECT 文によるコピーで ADO ポリシーもコピーされる
☐ B. アクションを開始した後にタスク全体やタスク内の一部の処理が失敗する可能性がある
☐ C. 表の圧縮属性が存在すると ADO ポリシーの圧縮は設定できない
☐ D. 表の圧縮属性が存在しても ADO ポリシーの圧縮は設定できるがアクションが実行されない

練習問題編

☐ E. 表の圧縮属性が存在してもADOポリシーの圧縮は設定できるが圧縮レベルによってはアクションが実行されない

解説

CREATE TABLE... AS SELECT文（CTAS）では、ADOポリシーはコピーされません。NOT NULL以外の制約などと同様、明示的に再設定する必要があります（選択肢Aは不正解）。

各セグメントで圧縮属性が設定されている場合でも、圧縮ポリシーは設定できます。ただし、評価期間後の圧縮実行は、セグメント側の圧縮属性が圧縮ポリシーよりも低レベルの場合に実行されます。高レベルの場合はすでに圧縮されているため、実行されません（選択肢Eは正解、選択肢Cと選択肢Dは不正解）。

アクションを開始するかどうかは、評価期間後に決定されます。圧縮レベルのような前提条件を満たしていない場合や、統計が無効な場合は、アクションを実行しません。アクションを開始した後も、タスクが失敗する可能性はあります。例えば、アクションをOFFLINEモードで実行する場合、ALTER TABLE...MOVE文が使用されます。対象表の索引の一部が使用不可になっていると、表の圧縮や移動は成功しても、索引は使用不可のままになります（選択肢Bは正解）。

📗 **間違えたらここを復習**

→「3-1-2 自動データ最適化」

正解：**B、E** ☑☑☑

問題 13　　　　　　　　　　　　　　　　　重要度 ★★★

次のコードを確認してください。

```
ALTER TABLE emp1 ROW ARCHIVAL;
```

構成に関する説明として正しいものを2つ選択しなさい。

☐ A. ORA_ARCHIVE_STATE列が追加される
☐ B. 既存行はすべて非アクティブレコードになる
☐ C. 新規行はデフォルトでアクティブレコードになる
☐ D. インスタンスを再起動するまで有効化される
☐ E. row_start列とrow_end列が追加される

解説

CREATE TABLEまたはALTER TABLE文でROW ARCHIVAL句を指定すると、データベース内アーカイブが有効化されます。データベース内アーカイブは、対象表にORA_ARCHIVE_STATE列を追加し（選択肢Aは正解）、この値が「0」ならアクティブとしてレコードが表示されます。「0以外」なら非アクティブとしてレコードが非表示となります。デフォルトでは、既存行も

58

3 情報ライフサイクル管理（ILM）

新規行も「0」で格納されます（選択肢Cは正解、選択肢Bは不正解）。

　データベース内アーカイブは、表定義の一部として構成しますので、インスタンスが再起動しても存続します（選択肢Dは不正解）。

　start列とend列が追加されるのは、時制有効性を有効化した場合の特徴です。開始列と終了列の範囲内が有効期間内ならレコードを表示できる機能です。

🟦 **間違えたらここを復習**

→「3-2-1　データベース内アーカイブ」

▶**参照**
「3-2-2　時制有効性」

正解：**A、C** ☐☐☐

問題 14　　　重要度 ★★★

　データベース内アーカイブに関する説明として正しいものを2つ選択しなさい。

☐ A. ORA_ARCHIVE_STATE 列は SELECT * の問合せで表示される
☐ B. INSERT 時に ORA_ARCHIVE_STATE 列を指定することができる
☐ C. 無効化しても ORA_ARCHIVE_STATE 列は保持される
☐ D. ORA_ARCHIVE_STATE 列を「1」に変更すると即時に非表示レコードになる
☐ E. 評価期間を超過すると非表示レコードになる

解説

　データベース内アーカイブが有効化されることで追加されるORA_ARCHIVE_STATE列は、非表示属性が設定された列です。そのため、SELECT *や、DESCコマンドでは表示されません。明示的に列を指定することで表示することができます（選択肢Aは不正解）。

　デフォルトの新規行には「0」が設定されます。INSERT時から明示的にORA_ARCHIVE_STATE列を「0以外」に設定し、非アクティブレコードにすることもできます（選択肢Bは正解）。

　「0以外」（「1」など）に設定されたレコードは、即時に非アクティブになります。時制有効性のように、時間で自動的に非アクティブになることはありません（選択肢Dは正解、選択肢Eは不正解）。

　データベース内アーカイブを無効化するには、ALTER TABLE文でNO ROW ARCHIVAL句を指定します。無効化されると、アクティブ／非アクティブを区別する必要がなくなるため、ORA_ARCHIVE_STATE列も削除されます（選択肢Cは不正解）。

🟦 **間違えたらここを復習**

→「3-2-1　データベース内アーカイブ」

▶**参照**
「3-2-2　時制有効性」

59

正解：B、D

問題 15　重要度 ★★★

次のコードを確認してください。

```
ALTER SESSION SET ROW ARCHIVAL VISIBILITY=ALL;
```

上記のSQL文を実行した環境に関する説明として正しいものを選択しなさい。

- A. アクティブレコードのみが表示される
- B. 新規レコードが非アクティブレコードとして格納される
- C. 非アクティブレコードも表示されるようになる
- D. ORA_ARCHIVE_STATE列が0か1で表示される

解説

　ROW ARCHIVAL VISIBILITYセッションパラメータをALLにすることで、非アクティブレコードも表示することができます。表示が変更されるだけで、新規レコードはデフォルト「0」のアクティブレコードとして格納されます（選択肢Cは正解、選択肢Bは不正解）。

　デフォルトでは、アクティブレコードのみ表示されます。これは、ROW ARCHIVAL VISIBILITYセッションパラメータがACTIVEに設定されているためです（選択肢Aは不正解）。

　ORA_ARCHIVE_STATE列は、VARCHAR2（4000）型で定義されていますので、「0」か「0以外」の値を格納できます。0か1で表示させるのなら、DBMS_ILM.ARCHIVESTATENAMEファンクションを使用します。列値が「0」ならばそのまま「0（ARCHIVE_STATE_ACTIVE定数）」が戻りますが、「0以外」の場合は「1（ARCHIVE_STATE_ARCHIVED定数）」が戻されます（ROW ARCHIVAL VISIBILITYパラメータではなくDBMS_ILM.ARCHIVESTATENAMEファンクションの結果のため選択肢Dは不正解）。

間違えたらここを復習

→「3-2-1　データベース内アーカイブ」

正解：C

問題 16　重要度 ★★★

一時的なデータの有効性を提供する機能を2つ選択しなさい。

- A. 時制有効性
- B. アーカイブバックアップ
- C. データベース内アーカイブ

3 情報ライフサイクル管理（ILM）

☐ D. フラッシュバックデータアーカイブ
☐ E. ハイブリッドカラム圧縮のアーカイブモード

解説

　データベース内に保持されたまま一時的にデータを表示させる必要がある場合は、「時制有効性」または「フラッシュバックデータアーカイブ」を使用することができます（選択肢Aと選択肢Dは正解）。いずれの機能も指定した時点で有効なデータが戻ります。

　「データベース内アーカイブ」は、アクティブなレコードのみを戻すことを想定した機能です（一時的ではなく、データのライフサイクルにあわせて使用するため、選択肢Cは不正解）。

　「ハイブリッドカラム圧縮のアーカイブモード」は、圧縮機能です。ExadataのHybrid Columnar Compression（HCC）で使用するARCHIVEモードは、QUERYモードよりも圧縮率が高いため、速度は遅いのですが、少ない領域で格納できます（一時的とは関係ないため、選択肢Eは不正解）。

　「アーカイブバックアップ」は、RMANのバックアップを長期保存する機能です（一時的とは関係ないため選択肢Bは不正解）。保存方針から除外することで、保持できるようにしています（バックアップに対するKEEP句）。

間違えたらここを復習

→「3-2-2　時制有効性」

▶参照
「3-2-1　データベース内アーカイブ」

正解：**A、D**

問題 17　重要度 ★★★

　次のコードを確認してください。

```
CREATE TABLE emp
  (empno NUMBER(4), ename VARCHAR2(10)
PERIOD FOR user_time);
```

　上記のコードに関する説明として正しいものを2つ選択しなさい。

☐ A. user_time 列は追加されない
☐ B. user_time_start 列と user_time_end 列が追加される
☐ C. 後から有効期間ディメンションを追加することはできない
☐ D. 有効期間列を明示的に指定することでレコード追加ができる
☐ E. 有効期間列には今日の日付値が格納される

61

解説

CREATE TABLE文またはALTER TABLE文でPERIOD FOR句を指定すると、時制有効性が有効化されます。PERIOD FOR句では、有効期間ディメンションとなる列を指定します。有効期間ディメンション列は、有効期間のための開始列と終了列を使用した仮想非表示列（NUMBER型）です（選択肢Aは不正解）。

有効期間の開始列と終了列は既存列を使用することもできますが、既存列を使用しない場合、有効期間ディメンションが「user_time」であれば「user_time_start」「user_time_end」のような命名規則によって、非表示列の2列が追加されます（選択肢Bは正解）。

暗黙的に作成された有効期間の開始列と終了列は、非表示列のため、明示的に列指定を行ってレコード追加が必要です（選択肢Dは正解、デフォルト制約などは設定されていないため選択肢Eは不正解）。

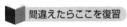

→「3-2-2　時制有効性」

正解：**B、D**

問題18

次のコードを確認してください。

```
SQL> SELECT * FROM emp;

EMPNO ENAME HIRE_DAT LEFT_DAT
----- ----- -------- --------
  100 SCOTT 00-10-01
  200 KING  02-04-01 10-03-31
  300 ADAMS 01-04-01 12-12-31

SQL> SELECT * FROM emp VERSIONS PERIOD FOR user_time
  2  BETWEEN TO_DATE('2010-04-01','YYYY-MM-DD')
  3  AND     SYSDATE;
```

問合せ結果として正しいものを選択しなさい。

○ A. SCOTTのレコードのみ戻る
○ B. SCOTT、ADAMSのレコードのみ戻る
○ C. ADAMSのレコードのみ戻る
○ D. すべてのレコードが戻る
○ E. いずれのレコードも戻らない

3　情報ライフサイクル管理（ILM）

解説

　時制有効性のデータは、「フラッシュバック問合せ」または「フラッシュバックバージョン問合せ」でPERIOD FOR句を使用して参照します。フラッシュバック問合せでは、指定した時点が有効期間に含まれているデータが戻ります。フラッシュバックバージョン問合せでは、指定した範囲が有効期間内に含まれているレコードが戻ります。

　終了列に値が格納されていない場合は、現在も有効なデータとして判定されます。部分的な範囲外（ADAMSのデータは、2012-12-31まで）があってもバージョン問合せでは対象になれます（選択肢Bは正解）。

　SCOTTのレコードだけが戻るのは、2001-03-31以前か、2013-01以降のデータを参照した場合です（選択肢Aは不正解）。

　ADAMSの範囲は常にSCOTTの範囲に含まれているため、ADAMSだけ戻すことはできません（選択肢Cは不正解）。

　すべてのレコードが戻るのは、2002-04-01から2010-03-30の中を範囲にした場合です（選択肢Dは不正解）。

　いずれのレコードも戻らないのは、2000-09-30以前のデータを参照した場合です（選択肢Eは不正解）。

間違えたらここを復習

→「3-2-2　時制有効性」

正解：**B** ✓ ✓ ✓

問題19　　　　　　　　　　　　　　　　　　重要度 ★★★

　時制有効性に関する説明として正しいものを選択しなさい。

○ A. 時制有効性と一時履歴は同時に使用できない

○ B. 時制有効性と一時履歴は同時に設定できない

○ C. 時制有効性を無効化すると暗黙作成された列のみ削除される

○ D. 有効期間ディメンションに対応する開始列と終了列の値は自動で更新される

解説

　時制有効性は、ALTER TABLE文で有効期間ディメンションを追加／削除することで構成します。作成時に暗黙的に追加された開始列と終了列の場合、削除も暗黙的に行われます。明示的に作成しておいた開始列と終了列は、そのまま保存されます（選択肢Cは正解）。

　時制有効性を有効化するときに、開始列と終了列を指定しなければ暗黙的に列が作成されますが、値は自動で変更されることはありません（選択肢Dは不正解）。

　時制有効性とフラッシュバックデータアーカイブ（Oracle Database 12cでは一時履歴とも呼ばれる）は、同じ表に同時に設定することが可能です（選択肢Bは不正解）。また、データ

を参照する際に、「有効期間ディメンション」と「トランザクション時間ディメンション（AS OF TIMESTAMPやAS OF SCN句）」を同時に使用することもできます（選択肢Aは不正解）。

トランザクション時間ディメンションを使用する場合、有効期間を満たし、トランザクション時間に有効なデータが含まれていれば、レコードを戻します。ただし、有効なデータが存在しない場合は「ORA-08180: no snapshot found based on specified time」や「ORA-01466: unable to read data - table definition has changed」などのエラーが発生します。

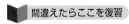
→「3-2-2　時制有効性」

正解：C

問題20　重要度 ★★★

次のコードを確認してください。

```
exec DBMS_FLASHBACK_ARCHIVE.ENABLE_AT_VALID_TIME('CURRENT')
```

上記のコードに関する説明として正しいものを選択しなさい。

- A. 有効期間ディメンションを指定しなくても現在有効なデータのみが表示される
- B. 有効期間ディメンションを指定するとエラーとなる
- C. 表のすべてのレコードが表示される
- D. インスタンス全体で有効期間ディメンションが設定される

解説

DBMS_FLASHBACK_ARCHIVE.ENABLE_AT_VALID_TIMEプロシージャで、現在のセッションにおける時制有効性のデフォルト動作を変更することができます（インスタンスレベルではないため、選択肢Dは不正解）。デフォルトではすべてのレコードを表示する「ALL」が設定されています。「CURRENT」を指定することで、有効期間ディメンションを指定しなくても現在有効なデータを表示することができます（選択肢Aは正解、選択肢CはALLの説明のため不正解）。

セッションレベルの表示制御はデフォルトを変更しているだけのため、有効期間ディメンションを明示的に指定すれば、指定した有効期間が適用されます（選択肢Bは不正解）。

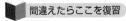
→「3-2-2　時制有効性」

正解：A

3 情報ライフサイクル管理（ILM）

問題 21   重要度 ★★★

　Oracle Database 12c のフラッシュバックデータアーカイブの特徴として正しいものを
2つ選択しなさい。

　☐ A. 履歴表はデフォルトで圧縮と重複除外が行われる
　☐ B. 履歴表はデフォルトでパーティション化される
　☐ C. アーカイブ領域は自動作成される
　☐ D. 表領域レベルでフラッシュバックデータアーカイブを有効化できる
　☐ E. ユーザーコンテキストを収集できる

解説

　フラッシュバックデータアーカイブ（FDA）を使用するには、アーカイブ領域を作成し、対象セ
グメントでFDAを有効化します（アーカイブ領域は明示的に作成するので選択肢Cは不正解。セ
グメントレベルでFDAを有効化するので選択肢Dも不正解）。

　FDAが有効化されると、アーカイブ領域に履歴表を格納します。Oracle Database 11gでは、履
歴表はパーティション化され、履歴表の圧縮やSecureFile LOBの圧縮と重複除外が行われてい
ました。Oracle Database 12cでは、パーティション化は行いますが、履歴表の圧縮やSecureFile
LOBの圧縮と重複除外は行われていません（選択肢Bは正解、選択肢Aは不正解）。OPTIMZE
DATA句を使用してアーカイブ領域を作成することで圧縮と重複除外が有効化されます。

　また、FDAが有効化されている表に対する変更が履歴表に保存されますが、誰がその操作を
行ったかといった情報は取得できませんでした。Oracle Database 12cからは、操作を行ったユー
ザーコンテキストを保存しておき、フラッシュバッククエリーで参照するときに同時に操作時のユー
ザーコンテキストを確認することが可能になりました（選択肢Eは正解）。

間違えたらここを復習

→「3-2-3　フラッシュバックデータアーカイブの拡張」

正解：B、E

問題 22   重要度 ★★★

　次のコードを確認してください。

```
exec DBMS_FLASHBACK_ARCHIVE.SET_CONTEXT_LEVEL('TYPICAL')
```

　フラッシュバックデータアーカイブ（FDA）を使用している環境において、上記のコー
ドに関する説明として正しいものを選択しなさい。

　〇 A. 履歴表に対する操作が保存される

練習問題編

- ○ B. SYS_CONTEXT ファンクションを使用して結果にアクセスできる
- ○ C. すべての実表に対するトランザクションのユーザーコンテキストが収集される
- ○ D. データベースを再起動すると消去される

解説

　Oracle Database 12cのフラッシュバックデータアーカイブ（FDA）では、実表に対するトランザクションに関するユーザーコンテキスト情報を保存し、履歴データを参照する際の情報として活用することができます（履歴表ではなく実表に対するトランザクションのため、選択肢Aは不正解）。

　ユーザーコンテキストの保存は、データベースレベルで設定します（選択肢Cは正解）。DBMS_FLASHBACK_ARCHIVE.SET_CONTEXT_LEVEL プロシージャでユーザーコンテキストの保存レベルを指定します。「ALL」なら SYS_CONTEXT で取得できるすべてのコンテキストを対象とします。「TYPICAL」の場合は、ユーザーID（SESSION_USERID）、グローバルユーザーID（GLOBAL_UID）、ホスト名（HOST）、サービス名（SERVICE_NAME）などを保存できます。デフォルトは「NONE」が設定されており、保存は行われません。

　TYPICAL または ALL で保存が有効化されると、SYS_FBA_CONTEXT_AUD 表にユーザーコンテキストデータが保存されます。アーカイブ領域の保存期間を超えたものは自動消去されます（データベースを再起動してもそのままのため、選択肢Eは不正解）。

　取得された結果は、DBMS_FLASHBACK_ARCHIVE.GET_SYS_CONTEXT ファンクションを使用してアクセスします（SYS_CONTEXT ではないため選択肢Bは不正解）。

間違えたらここを復習

→「3-2-3　フラッシュバックデータアーカイブの拡張」

正解：**C**

4 セキュリティ

練習問題編

学習日 / / /

本章の出題範囲は次のとおりです。

- 統合監査
- 監査ポリシー
- 管理権限（SYSBACKUP、SYSDG、SYSKM）
- 権限分析
- PL／SQLコール時の権限チェック
- Oracle Data Redaction

問題1

重要度

統合監査を使用することによって統合化される監査をすべて含むものを選択しなさい。

1. 必須監査、特権ユーザー監査
2. 標準監査（監査ポリシー）
3. ファイングレイン監査
4. Oracle Database Vault 監査
5. Data Pump 操作監査
6. RMAN 操作監査
7. OLS（Oracle Label Security）操作監査
8. RAS（Real Application Security）操作監査

- A. 1、2、3
- B. 1、2、3、4
- C. 1、2、3、4、7
- D. 1、2、3、4、7、8
- E. すべて

解説

統合監査は、従来個別に監査設定を行ってきた必須監査、特権ユーザー監査、標準監査、ファイングレイン監査、Oracle Database Vault監査に加え、Data PumpやRMAN、Oracle Label Security、Real Application Securityの監査も行います（選択肢Eが正解。統合監査でなければ選択肢Bの範囲で監査が可能）。

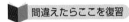
→「4-1-1　統合監査」

正解：E

問題2

重要度 ★★★

　Oracle Database 12cの監査アーキテクチャに関する説明として正しいものを2つ選択しなさい。

- □ A. SGAキュー内に監査レコードが保存される
- □ B. SGAキューに保存することも即時にディスクに保存することも可能である
- □ C. SGAキューに保存された監査レコードはGEN0バックグラウンドプロセスによってのみ出力される
- □ D. SGAキューに保存された監査レコードはGEN0バックグラウンドプロセスだけでなく手動でフラッシュすることもできる

解説

　監査レコードは、従来どおりディスクに即時保存することもできますが、SGAキューに保存し、後からディスクに書き出すことも可能です（選択肢Bは正解、選択肢Aは不正解）。デフォルトではSGAキューに保存しますが、DBMS_AUDIT_MGMT.SET_AUDIT_TRAIL_PROPERTYプロシージャで変更することができます。

　SGAキューのサイズは、UNIFIED_AUDIT_SGA_QUEUE_SIZEパラメータで設定できます。デフォルトは1MBですが、最大30MBまで設定することができます。SGAキューからのフラッシュは「GEN0（一般タスク実行プロセス）」バックグラウンドプロセスが3秒に1度、SGAキューの85%を超えて監査レコードが存在している場合にディスクへのフラッシュが行われます。

　また、DBMS_AUDIT_MGMT.FLUSH_UNIFIED_AUDIT_TRAILプロシージャを使用して、手動でフラッシュすることも可能です（選択肢Dは正解、選択肢Cは不正解）。

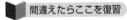
→「4-1-1　統合監査」

正解：B、D

問題3

重要度 ★★★

　次の結果を確認してください。

```
SQL> SELECT value FROM v$option
  2  WHERE parameter='Unified Auditing';
```

```
VALUE
----------------------
TRUE
```

この環境に関する説明として正しいものを2つ選択しなさい。

☐ A. UNIFIED_AUDIT_TRAIL で結果を確認できる
☐ B. DBA_AUDIT_TRAIL で結果を確認できる
☐ C. OS ログに監査証跡を格納することができる
☐ D. AUDIT_ で始まる初期化パラメータで監査証跡を制御できない
☐ E. AUDIT_ で始まる初期化パラメータで監査証跡を制御できる

解説

統合監査は、デフォルトでは無効です。有効化するには、インスタンスを停止した状態で、Oracleモジュールを変更します。変更後、インスタンスを再起動することで、統合監査が有効化されます。V$OPTIONビューの「Unified Auditing」パラメータがTRUEの場合、統合監査が有効です。

統合監査が有効化されている場合、監査証跡を構成するためのAUDITで始まるパラメータ（audit_trail、audit_file_dest、audit_sys_operations、audit_syslog_level）は、設定しても無視されます（選択肢Dは正解、選択肢Eは不正解）。

監査証跡は、AUDSYSスキーマの表を参照しているUNIFIED_AUDIT_TRAILビューで結果を確認します。従来のDBA_AUDIT_TRAILなどのディクショナリやOSファイル、syslogなどに記録されることはありません（選択肢Aは正解、選択肢Bと選択肢Cは不正解）。

間違えたらここを復習
→「4-1-1　統合監査」

正解：A、D

問題 4

統合監査の管理に関する説明として正しいものを2つ選択しなさい。

☐ A. 統合監査の管理には DBA 権限が必要
☐ B. AUDSYS スキーマとして格納されている
☐ C. 監査ポリシーの作成は AUDIT ANY システム権限があれば実行できる
☐ D. 監査結果の確認は AUDIT_VIEWER ロールがあれば実行できる
☐ E. 統合監査結果の削除には SYSDBA 権限が必要

解説

統合監査の管理は、監査ポリシーの構成や監査証跡の管理、監査結果の確認が含まれます。DBAロールやSYSDBAを使用しなくてもいいように専用の権限とロールが準備されています（DBAロールやSYSDBA権限は必須ではないため選択肢Aと選択肢Eは不正解）。

AUDIT_ADMINロールを付与することで、AUDIT SYSTEM権限とAUDIT ANYシステム権限が付与されます。AUDIT SYSTEM権限で監査証跡の管理が行えます。AUDIT ANY権限は、ほかスキーマに対する監査ポリシーの有効化／無効化の管理が行えます。監査ポリシーの作成はAUDIT SYSTEM権限かAUDIT_ADMINロールが必要です（AUDIT ANY権限だけでは不足なため、選択肢Cは不正解）。

AUDIT_VIEWERロールを付与することで、UNIFIED_AUDIT_TRAILビューやDBA_AUDIT_TRAILビューなどの監査証跡を確認することが可能になります（選択肢Dは正解）。

統合監査証跡は、AUDSYSスキーマが所有する表です（選択肢Bは正解）。デフォルトではSYSAUX表領域に格納されています。パーティション表のため、別の表領域に移動することも可能です。

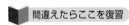
→「4-1-1　統合監査」

正解：**B、D**

問題5　　　　　　　　　　　　　　　　　　　　　　　　重要度 ★★★

監査ポリシーの作成に関する説明として正しいものを2つ選択しなさい。

- ☐ A. PRIVILEGES、ACTIONS、ROLESのいずれかの監査オプションが必要
- ☐ B. PRIVILEGES、ACTIONS、ROLESのいずれかの監査オプションが1つのみ必要
- ☐ C. PRIVILEGES、ACTIONS、ROLESのすべての監査オプション指定がみ必要
- ☐ D. オブジェクト権限監査はPRIVILEGESオプションで指定する
- ☐ E. オブジェクト権限監査はACTIONSオプションで指定する

解説

監査ポリシーは、CREATE AUDIT POLICY文で作成します。監査オプションはPRIVILEGES、ACTIONS、ROLESのうち、少なくとも1つを指定します。また、1つだけでなく、組み合わせて作成することもできます（選択肢Aは正解、選択肢Bと選択肢Cは不正解）。

オブジェクトに対する監査ポリシーは、ACTIONSオプションで指定します（選択肢Eは正解、選択肢Dは不正解）。

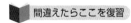
→「4-1-2　監査ポリシー」

正解：**A、E**

4 セキュリティ

問題6　　　　　　　　　　　　　　　　　　　　　　　　　重要度 ★★★

次のコードを確認してください。

```
CREATE AUDIT POLICY pol3
ACTIONS select,update ON scott.emp,insert ON scott.dept;
```

この構成で設定される監査ポリシーに関する説明として正しいものを選択しなさい。

○ A. SCOTT.EMP 表への SELECT 文と UPDATE 文、SCOTT.DEPT 表への INSERT 文を監査する

○ B. SCOTT.EMP 表と SCOTT.DEPT 表への SELECT 文、UPDATE 文、INSERT 文を監査する

○ C. すべてのオブジェクトに対する SELECT 文、SCOTT.EMP 表への UPDATE 文、SCOTT.DEPT 表への INSERT 文を監査する

○ D. すべてのオブジェクトに対する SELECT 文と UPDATE 文、SCOTT.EMP 表と SCOTT.DEPT 表への INSERT 文を監査する

解説

　CREATE AUDIT POLICY 文で作成する監査ポリシーは、複数の監査オプションを同時に指定することができ、ACTIONS を使用したシステム全体に対するシステムアクションとオブジェクトに対するオブジェクトアクションも同時に指定できます。

　オブジェクトアクションは、ON 句の直前に記述したアクションのみが対象となり、ON 句の直後に指定したオブジェクトのみに影響します。問題文では、SELECT は ON 句を指定しないためすべてのオブジェクトが対象となり、UPDATE と INSERT は ON 句で指定した EMP 表と DEPT 表が対象になります（選択肢 C が正解）。

　EMP 表への SELECT と UPDATE にするには「select ON scott.emp,update ON scott.emp」を指定します（選択肢 A は不正解）。同様に、SELECT と UPDATE と INSERT を EMP 表と DEPT 表で監査するには「select ON scott.emp,update ON scott.emp,insert ON scott.emp,select ON scott.dept,update ON scott.dept,insert ON scott.dept」を指定します（選択肢 B は不正解）。すべてのオブジェクトで SELECT と UPDATE を監査するには ON 句を指定せずに「select,update」を指定します（選択肢 D は不正解）。

間違えたらここを復習

→「4-1-2　監査ポリシー」

正解：**C**　□ □ □

71

問題7　　　　　　　　　　　　　　　　　　　　　重要度 ★★★

次のコードを確認してください。

```
CREATE AUDIT POLICY pol2
PRIVILEGES create table
WHEN 'SYS_CONTEXT(''USERENV'',''CLIENT_IDENTIFIER'')=''OE'''
EVALUATE PER STATEMENT;
```

この構成で設定される監査ポリシーに関する説明として正しいものを選択しなさい。

- A. クライアント識別子がOEの場合にのみCREATE TABLE権限の使用が監査される
- B. セッションで最初のCREATE TABLE文の実行時にクライアント識別子がOEの場合、その後のCREATE TABLE権限の使用が監査される
- C. インスタンス起動後の最初のCREATE TABLE文の実行時、クライアント識別子がOEであれば今後のCREATE TABLE権限の使用が監査される
- D. OEユーザーでセッションを確立した場合に限り、CREATE TABLE権限の使用が監査される

解説

監査ポリシーにWHEN句とEVALUATE句を使用することで、監査取得の条件を設定することができます。WHEN句で指定した条件は、EVALUATE句で指定したタイミングで評価されます。

問題文では、「EVALUATE PER STATEMENT」を使用しているため、監査対象文を実行するたびに評価されます。WHEN句による評価条件は、「SYS_CONTEXT('USERENV','CLIENT_IDENTIFIER')='OE'」ですので、「クライアント識別子が"OE"の場合」が条件となります。監査対象文は「PRIVILEGES create table」ですので、「CREATE TABLE権限を使用したSQL文」となります（選択肢Aは正解）。

セッションで1度評価するなら、「EVALUATE PER SESSION」を使用する必要があります（選択肢Bは不正解）。また、インスタンス起動後に1度評価する場合は、「EVALUATE PER INSTANCE」を使用します（選択肢Cは不正解）。セッションを確立したユーザーの限定は、監査ポリシーを有効化するAUDIT文で「AUDIT POLICY pol2 BY oe;」とします（選択肢Dは不正解）。

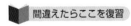
→「4-1-2　監査ポリシー」

正解：A

4　セキュリティ

| 問題8 | 重要度 ★★★ |

監査ポリシーに関する説明として正しいものを選択しなさい。

○ A. RMAN のバックアップ／リストアを監査するには監査ポリシーの作成を行う
○ B. 統合監査モードでなくても監査ポリシーを作成することができる
○ C. SYS ユーザーによる SQL 実行は監査ポリシーで対応できない
○ D. 監査ポリシーを作成しないと監査は有効化できない

解説

　監査ポリシーは、CREATE AUDIT POLICY 文で作成し、AUDIT 文で有効化します。統合監査モードが無効（混在監査モード）でも監査ポリシーを作成し有効化することは可能です（選択肢 B は正解）。

　統合監査モードの場合、SYS ユーザーによる SQL 実行も監査ポリシーで有効化されます（選択肢 C は不正解）。

　監査ポリシーは必ず作成しなくてはならないものではありません。RMAN によるバックアップ／リストア／リカバリに関しては、監査ポリシーを作成しません。RMAN イベントは自動的に監査が記録されます（選択肢 A は不正解）。

　アプリケーションコンテキストの監査など、監査ポリシーを作成せず、AUDIT 文による監査の有効化のみ行う構成もあります（選択肢 D は不正解）。

間違えたらここを復習
→「4-1-2　監査ポリシー」

正解：**B**

| 問題9 | 重要度 ★★★ |

　監査ポリシーの有効化を行う AUDIT POLICY 文に関する説明として正しいものを3つ選択しなさい。

☐ A. デフォルトでは成功時と失敗時の両方が監査される
☐ B. EXCEPT によるユーザーの除外と BY 句によるユーザー限定は同時に指定することはできない
☐ C. 複数の AUDIT POLICY 文で BY 句と EXCEPT 句が使用されていると最後の文が有効化される
☐ D. 複数の AUDIT POLICY 文で EXCEPT 句が使用されていると最後の文が有効化される
☐ E. 複数の AUDIT POLICY 文で BY 句が使用されていると最後の文が有効化される

73

解説

　CREATE AUDIT POLICY文で作成されたポリシーは、AUDIT POLICY文を使用して有効化を行います。デフォルトでは、すべてのユーザーを対象とし、成功時と失敗時のいずれも監査対象となります（選択肢Aは正解）。成功時のみで有効化するのであれば「WHENEVER SUCCESSFUL」句、失敗時のみで有効化するときは「WHENEVER NOT SUCCESSFUL」句を使用します。

　一部のユーザーのみを対象とするのであれば「BY句」、一部のユーザーを除外するなら「EXCEPT句」を使用します。1つの監査ポリシーを複数のAUDIT POLICY文で有効化することは可能ですが、BY句とEXCEPT句で異なる有効化になります。

　1つのポリシーの有効化で、BY句とEXCEPT句を同時に指定することはできません。BY句が有効なポリシーでEXCEPT句を使用すると「ORA-46350: Audit policy POL1 already applied with the BY clause.」のようなエラーとなります。EXCEPT句が有効なポリシーでBY句を指定すると「ORA-46351: Audit policy POL1 already applied with the EXCEPT clause.」のようなエラーとなります（選択肢Bは正解、選択肢Cは不正解）。

　EXCEPT句が有効なポリシーに、異なるユーザーを指定したEXCEPT句を指定したAUDIT POLICY文を実行すると、最後の文だけが保存されます（選択肢Dは正解）。一方、BY句が有効なポリシーにBY句を追加した場合は、和集合となり、記述したユーザーのみが対象となります（選択肢Eは不正解）。

間違えたらここを復習
→「4-1-2　監査ポリシー」

正解：**A、B、D**

問題10　重要度 ★★★

事前定義された監査ポリシーに関する説明として正しいものを2つ選択しなさい。

- ☐ A. ORA_SECURECONFIGのみデフォルトで有効化されている
- ☐ B. ORA_SECURECONFIGとORA_DATABASE_PARAMETER、ORA_ACCOUNT_MGMTがデフォルトで有効化されている
- ☐ C. ORA_ACCOUNT_MGMTとORA_SECURECONFIGの監査アクションは重複しない
- ☐ D. ORA_DATABASE_PARAMETERポリシーで初期化パラメータに関する監査を行うことができる

解説

　監査ポリシーのベストプラクティスとして、ORA_ACCOUNT_MGMT、ORA_DATABASE_PARAMETER、ORA_SECURECONFIGの3つと、Real Application Security向けの監査ポリ

シーが2つ用意されています。

デフォルトでは、ORA_SECURECONFIGのみが有効化されており（選択肢Aは正解、選択肢Bは不正解）、Oracle Database 10g／11gのDBCAでデータベースを作成したときと同様の代表的なCREATE／ALTER／DROPが監査されます。

ORA_ACCOUNT_MGMTに含まれるUSERとROLEに対するアクションは、ORA_SECURECONFIGでも監査されます（重複するため選択肢Cは不正解）。ただし、権限に対する監査は多少異なります。ORA_ACCOUNT_MGMTではすべてのGRANTとREVOKEを監査しますが、ORA_SECURECONFIGはGRANT ANY関連権限を使用した場合のみ監査します。

ORA_DATABASE_PARAMETERは、SPFILEの作成となるパラメータ変更を含むALTER SYSTEM文を監査します（選択肢Dは正解）。

間違えたらここを復習
→「4-1-2　監査ポリシー」

正解：**A、D**

問題11　重要度 ★★★

監査のクリーンアップに関する説明として正しいものを2つ選択しなさい。

- ☐ A. システム関連の監査ポリシーを削除すると既存セッションにも反映される
- ☐ B. オブジェクト関連の監査ポリシーを削除しても既存セッションに影響しない
- ☐ C. 監査ポリシーを削除する前に監査ポリシーの無効化が必要
- ☐ D. DBMS_AUDIT_MGMTパッケージで統合監査証跡の監査レコード削除を行うことができる

解説

監査ポリシーは、NOAUDIT POLICY文で対象ポリシーを無効化してから、DROP AUDIT POLICY文で削除します。無効化されていないポリシーを削除しようとすると「ORA-46361: Audit policy cannot be dropped as it is currently enabled.」エラーとなります（選択肢Cは正解）。

システム関連の監査ポリシー（PRIVILEGES）がセッションで有効化されている場合（EVALUATE PER INSTANCEかEVALUATE PER SESSIONによる評価）、ポリシーを削除しても既存セッションに影響しません。セッションが切断されるまで有効化されたままとなります（選択肢Aは不正解）。一方、オブジェクト関連の監査ポリシー（ACTIONS..ON）の場合は、既存セッションにも即時に反映されます（選択肢Bは不正解）。

統合監査証跡の監査レコードは、読み取り専用のため、DELETE文などで直接変更することはできませんが、Oracle Database 11gR2でサポートしたDBMS_AUDIT_MGMTパッケージを使用してメンテナンスすることが可能です。CLEAN_AUDIT_TRAILプロシージャによる手動パージや、CREATE_PURGE_JOBプロシージャで設定した自動パージスケジュールで監査レコード

を削除することができます（選択肢Dは正解）。

> 間違えたらここを復習
> →「4-1-2　監査ポリシー」

正解：**C、D**

問題12　　重要度 ★★★

Oracle Database 12cで追加されたSYSBACKUP権限に関する説明として正しいものを3つ選択しなさい。

- ☐ A. RMANを使用したバックアップ／リカバリ操作のみ実行できる
- ☐ B. RMANまたはSQLを使用したバックアップ／リカバリ操作を実行できる
- ☐ C. SYSBACKUPユーザーで接続したことになる
- ☐ D. アプリケーションデータの参照はできない
- ☐ E. データベースの起動／停止は実行できない
- ☐ F. ターゲット接続時にデフォルトで使用される

解説

SYSBACKUP権限が付与されているユーザーは、RMANまたはSQLを使用したバックアップ／リカバリ操作を実行することができます。RMANを使用している場合は、RMANコマンドによるBACKUP／RESTORE／RECOVERコマンドが実行できます。SQLを使用する場合は、ALTER DATABASEまたはALTER TABLESPACEによるBEGIN BACKUP、END BACKUPコマンドが実行できます。また、ALTER DATABASE RECOVERコマンド（SQL*PlusからのRECOVERコマンドを含む）が実行できます（選択肢Bは正解、選択肢Aは不正解）。

AS SYSBACKUPを使用した接続は、SYSスキーマを割当てられたSYSBACKUPユーザーによる接続となります（選択肢Cは正解）。SYSBACKUP権限を含むシステム権限やバックアップ／リカバリに関連するパッケージの実行権限、ディクショナリ参照のためのSELECT_CATALOG_ROLEなどが付与されます。

ディクショナリの参照はできますが、ユーザーデータであるアプリケーションデータの参照はできません（選択肢Dは正解）。SYSBACKUP権限で、データベースの起動や停止、CREATE SPFILEやCREATE PFILEによる初期化パラメータファイルの作成、FLASHBACK DATABASE文の実行などが許可されます（選択肢Eは不正解）。

RMANを使用したターゲットデータベースへの接続のデフォルトはSYSDBA接続です。SYSBACKUPで接続するには、「connect target '"/ as SYSBACKUP"'」のように権限グループを明示的に指定する必要があります（選択肢Fは不正解）。

> 間違えたらここを復習
> →「4-2-1　管理権限（SYSBACKUP、SYSDG、SYSKM）」

正解：**B、C、D**

4 セキュリティ

問題 13　重要度 ★★★

　Oracle Database 12c の dgmgrl コマンドで connect すると、SYSDBA で接続されてしまいます。SYSDG で接続するための解決方法として適切なものを 2 つ選択しなさい。

- ☐ A. AS SYSDG を指定して接続する
- ☐ B. SYSDG に対応した OS グループに属する OS ユーザーを使用する
- ☐ C. SYSDG 権限が付与された Oracle ユーザーを使用する
- ☐ D. SYS ユーザー名とパスワードを使用する
- ☐ E. OS 認証を使用する

解説

　SYSDG 権限が付与されたユーザーは、DGMGRL や SQL を使用した Oracle Data Guard 操作を実行することができます。DGMGRL を使用してプライマリデータベースまたはスタンバイデータベースに接続する場合、OS 認証またはパスワードファイル認証を使用します。OS 認証は、インストール時に設定した SYSDG に対応する OS グループ（通常は dgdba）に属している必要があります（選択肢 B は正解）。パスワードファイル認証を使用する場合、SYSDG ユーザーを含む既存の Oracle ユーザーに SYSDG 権限を付与します（選択肢 C は正解、パスワードファイル認証が使用できるため選択肢 E は不正解）。

　DGMGRL を使用して接続する場合は、SQL*Plus のように「AS SYSDG」は使用できません（選択肢 A は不正解）。対象ユーザーで最初に SYSDG 接続が試行され、接続できなければ SYSDBA 接続が試行されます。

　DBCA を使用してデータベースを作成した際のパスワードファイルでは、SYS ユーザーは SYSDG 権限を付与されておらず、SYSDBA 権限が付与されています。そのため、SYS ユーザーによる接続は SYSDBA 接続になります（選択肢 D は不正解）。

間違えたらここを復習

→「4-2-1　管理権限（SYSBACKUP、SYSDG、SYSKM）」

正解：B、C ☐☐☐

問題 14　重要度 ★★★

　SYSKM 権限を使用した接続において、OS 認証による接続はできるのに、パスワードファイル認証ができません。原因と解決方法として適切なものを 3 つ選択しなさい。

- ☐ A. SYSKM ユーザーに SYSKM 権限を付与する
- ☐ B. SYS ユーザーに SYSKM 権限を付与する
- ☐ C. パスワードファイルの format を Oracle Database 12c に設定して再作成する
- ☐ D. SYSKM＝Y を指定してパスワードファイルを再作成する
- ☐ E. OS グループとして kmdba グループを作成し Oracle ソフトウェアを再リンクする

77

練習問題編

解説

SYSKM 管理権限は、透過的暗号化の暗号鍵の管理やキーストア管理を目的として用意された権限グループです

Oracle Database 12c で追加された SYSBACKUP、SYSDG、SYSKM 管理権限は、従来の SYSDBA や SYSOPER 同様、OS 認証またはパスワードファイル認証が使用できます。OS 認証は、インストール時または後から再リンクすることで対応づけられます（問題文では、OS 認証はできるとあるため、選択肢 E は不要につき不正解）。

パスワードファイル認証では、Oracle Database 12c のフォーマットで作成されたパスワードファイルが必要です（選択肢 C は正解）。デフォルトでフォーマットは「12」ですが、「LEGACY」で作成されたパスワードファイルでは新しい管理権限が登録できません。

パスワードファイルを作成すると同時にユーザーを登録するには、sysbackukp、sysdg、syskm に「Y」を指定してパスワードファイルを作成します（選択肢 D は正解）。後からユーザーを登録するには、SYSKM 権限を対象ユーザーに付与します。SYS ユーザーに付与することもできますが、管理権限の目的は SYSDBA を使わなくすることにあります。SYSDBA も付与されてしまっている SYS を使うのではなく SYSKM のような別のユーザーを使用するべきです（選択肢 A は正解、選択肢 B は不正解）。

間違えたらここを復習

→「4-2-1　管理権限（SYSBACKUP、SYSDG、SYSKM）」

正解：**A、C、D** ☑ ☑ ☑

問題15　　　　　　　　　　　　　　　　　　　　重要度 ★★★

権限分析に関する説明として正しいものを 2 つ選択しなさい。

☐ A. 使用された権限のみレポートが生成される
☐ B. 使用された権限と使用されなかった権限についてレポートが生成される
☐ C. 権限分析を無効化するときにレポートが生成される
☐ D. コンテキストを使用した収集対象の制限が行える
☐ E. 使用されなかった権限は自動で REVOKE される

解説

権限分析は、付与した権限（システム権限、オブジェクト権限、ロール）が使用されているのか使用されていないのかを分析します（選択肢 B は正解、選択肢 A は不正解）。分析した結果、使用されていない権限は取り消し（REVOKE）を検討することができます（自動で REVOKE はしないため選択肢 E は不正解）。

権限分析は、DBMS_PRIVILEGE_CAPTURE パッケージで、分析のための権限分析ポリシーを作成（CREATE_CAPTURE）します。このときに、コンテキストを使用した条件設定を行うこと

78

もできます（選択肢Dは正解）。

作成した権限分析ポリシーで情報収集するには、開始と終了（ENABLE_CAPTUREとDISABLE_CAPTURE）間に通常のSQL操作を行ってもらいます。終了後は、GENERATE_RESULTによってビューへの結果レコードの挿入が行われます（無効化しただけではレポートは生成されないため選択肢Cは不正解）。

間違えたらここを復習
→「4-2-2　権限分析」

正解：**B、D**

問題16

重要度 ★★★

権限分析に関する説明として正しいものを2つ選択しなさい。

☐ A. レポート生成は権限分析ポリシーが無効化されている必要がある
☐ B. 権限分析ポリシーの削除は無効化されている必要がある
☐ C. 権限分析ポリシーの削除を行っても結果レポートは保持される
☐ D. 権限分析ポリシーを再度有効化する場合は無効化しなくてもよい
☐ E. 権限分析ポリシーを再度有効化すると結果レポートがリセットされる

解説

権限分析の結果レポートは、DBMS_PRIVILEGE_CAPTUREパッケージのGENERATE_RESULTプロシージャの実行によってビューに格納されます。GENERATE_RESULTプロシージャを実行するには、事前に権限分析ポリシーが無効化されている必要があります。有効な場合「ORA-47932: Privilege capture All_privs_capture is still enabled.」のようなエラーが発生します（選択肢Aは正解）。

権限分析が不要になったら、DROP_CAPTUREプロシージャを実行します。削除前に権限分析ポリシーが無効化されている必要があります（選択肢Bは正解）。削除で権限分析ポリシーの定義と同時にビューに格納された結果レポートも削除されます（選択肢Cは不正解）。

権限分析ポリシーを削除しなければ、任意のタイミングで再度有効化（ENABLE_CAPTURE）することができますが、無効化された分析である必要があります。権限分析ポリシーが有効なままで再有効化すると「ORA-47933: Privilege capture All_privs_capture is already enabled.」のようなエラーが発生します（選択肢Dは不正解）。また、再度有効化しても結果レポートはリセットされません。GENERATE_RESULTプロシージャによって、以前の結果レポートに追加されます（選択肢Eは不正解）。

間違えたらここを復習
→「4-2-2　権限分析」

正解：**A、B**

問題 17

次のコードを確認してください。

```
BEGIN
 SYS.DBMS_PRIVILEGE_CAPTURE.CREATE_CAPTURE(
   name        => 'Privs_context_role',
   description => 'Captures Context and role',
   type        => DBMS_PRIVILEGE_CAPTURE.G_ROLE_AND_CONTEXT,
   roles       => ROLE_NAME_LIST('CONNECT','RESOURCE')
   condition   => 'SYS_CONTEXT(''USERENV'',''MODULE'')=''Account''');
END;
/
```

上記のコードに関する説明として正しいものを2つ選択しなさい。

- ☐ A. ロール名は1つしか指定できないためエラーとなる
- ☐ B. ロールとコンテキストは同時に設定できないためエラーとなる
- ☐ C. 指定したロールとコンテキストを満たすセッションを対象とする
- ☐ D. 指定したロールまたはコンテキストを満たすセッションを対象とする
- ☐ E. プロシージャを実行するにはCAPTURE_ADMINロールが必要

解説

　DBMS_PRIVILEGE_CAPTUREパッケージを使用した権限分析を利用することで、使用した権限が不適切なものであったかどうかや、使用していない権限が存在するかを確認することができます。結果として不適切な権限を取り消すことを検討できます。権限分析の構成にはCAPTURE_ADMINロールが必要です（選択肢Eは正解）。

　問題文で使用しているDBMS_PRIVILEGE_CAPTURE.CREATE_CAPTUREは、権限分析ポリシーを作成します。G_ROLE_AND_CONTEXTタイプは、指定したロールとコンテキストを満たすセッションを対象とした権限分析ポリシーの作成です（選択肢Cは正解、選択肢Bと選択肢Dは不正解）。ロール名はROLE_NAME_LISTファンクションで複数のロール名をリスト形式で渡すことができます（選択肢Aは不正解）。

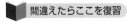
間違えたらここを復習
→「4-2-2　権限分析」

正解：**C、E**

4 セキュリティ

問題 18　　　　　　　　　　　　　　　　　　　　　　　　　　重要度 ★★★

次のコードを確認してください。

```
SQL> SELECT username,obj_priv,object_name,path FROM dba_used_objprivs_path
  2  WHERE object_owner='SCOTT' AND object_name IN ('EMP','DEPT');


USERNAME OBJ_PRIV OBJECT_NAME PATH
-------- -------- ----------- --------------------------------
TOM      INSERT   DEPT        GRANT_PATH('TOM')
TOM      SELECT   DEPT        GRANT_PATH('TOM')
JIM      DELETE   EMP         GRANT_PATH('JIM', 'AMY', 'TEDDY')
JIM      SELECT   EMP         GRANT_PATH('JIM', 'AMY')

SQL> SELECT username,obj_priv,object_name,path FROM dba_unused_objprivs_path
  2  WHERE object_owner='SCOTT' AND object_name IN ('EMP','DEPT');


USERNAME OBJ_PRIV OBJECT_NAME PATH
-------- -------- ----------- --------------------------------
JIM      INSERT   EMP         GRANT_PATH('JIM', 'AMY')
JIM      UPDATE   EMP         GRANT_PATH('JIM', 'AMY', 'TEDDY')
TOM      UPDATE   DEPT        GRANT_PATH('TOM')
```

権限分析結果の解釈として正しいものを2つ選択しなさい。

☐ A. TOM ユーザーは DEPT への SELECT と INSERT のみを行った
☐ B. TOM ユーザーの DEPT への権限は TOM ロール経由で付与されている
☐ C. JIM ユーザーの EMP への DELETE と UPDATE 権限は TEDDY ロールが付与された AMY ロール経由で付与されている
☐ D. JIM ユーザーと AMY ユーザーは EMP への権限が TEDDY ロール経由で付与されている

解説

　権限分析を実行し、DBMS_PRIVILEGE_CAPTURE.GENERATE_RESULT プロシージャを実行することで、結果が各ビューに格納されます。DBA_USED_xxx ビューは使用した権限、DBA_UNUSED_xxx ビューは付与されているが使用されなかった権限です（選択肢 A は正解）。

　一部のビューに存在する PATH 列（GRANT_PATH）を確認することで、直接付与された権限なのか、ロールを経由した権限なのかを確認することができます。「GRANT_PATH('TOM')」のように1つの値の場合は、ユーザーに直接権限が付与されています（選択肢 B は不正解）。「GRANT_PATH('JIM', 'AMY')」のように2つの値の場合は、後者がロール名となり「INSERT

81

とSELECT権限はAMYロール経由でJIMに付与」となります。また「GRANT_PATH('JIM', 'AMY', 'TEDDY')」のように3つ以上の値の場合は、2番目以降がロール名の階層となり「TEDDYロールがAMYに付与され、AMYがJIMに付与」を表します（選択肢Cは正解。ユーザー名のリストではないので、選択肢Dは不正解）。

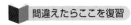
→「4-2-2　権限分析」

正解：A、C

問題19　重要度 ★★★

次のコードを確認してください。

```
SQL> connect hr
SQL> variable name VARCHAR2(30)

SQL> execute app.proc1(7900,:name)
BEGIN app.proc1(7900,:name); END;
*
行1でエラーが発生しました。:
ORA-06598: INHERIT PRIVILEGES権限が不十分です
ORA-06512: "APP.PROC1", 行1
ORA-06512: 行1
```

上記のエラーを解決する方法として正しいものを選択しなさい。

○ A. HR ユーザーで GRANT INHERIT PRIVILEGES ON USER HR TO APP;
○ B. HR ユーザーで GRANT INHERIT PRIVILEGES ON USER APP TO HR;
○ C. APP ユーザーで GRANT INHERIT PRIVILEGES ON USER HR TO APP;
○ D. APP ユーザーで GRANT INHERIT PRIVILEGES ON USER APP TO HR;

解説

　静的SQLを使用する場合、コンパイル時にコード内でアクセスするオブジェクトのチェック（存在、権限）が行われますが、動的SQLを使用する場合は、実行時にチェックが行われます。動的SQLを使用すれば定義者は対象表への権限がなくてもコンパイルすることができるということです。

　実行者権限のプログラムの実行は、実行者の権限を借りて定義者が実行します。定義者に権限がなくても実行者に権限があれば実行できる悪意を持ったコードのプログラムの場合に問題となります。安全対策としては、実行者が危険性を理解したうえで、定義者に自分の権限を使ってもよいという許可（継承）を行うべきです。

　INHERIT PRIVILEGES権限は、実行者から定義者に許可を出す権限です。そのため、実行

4 セキュリティ

者（HR）で権限付与を行います（選択肢Cと選択肢Dは不正解）。実行者（ON USER HR）で
定義者（TO APP）に付与するのが構文です（選択肢Aは正解、選択肢Bは不正解）。

🔲 **間違えたらここを復習**
→「4-2-3　PL／SQLコール時の権限チェック」

正解：**A** ☐☐☐

問題 20　　　　　　　　　　　　　　　重要度 ★★☆

次のコードを確認してください。

```
SQL> CREATE VIEW app.view1
  2   BEQUEATH CURRENT_USER
  3   AS SELECT func1 FROM dual;
SQL> GRANT SELECT ON app.view1 TO hr;

SQL> connect hr
SQL> SELECT * FROM app.view1;
```

上記のコードに関する説明として正しいものを2つ選択しなさい。

☐ A. APP ユーザーの権限で実行される
☐ B. HR ユーザーの権限で実行される
☐ C. APP ユーザーに INHERIT PRIVILEGES 権限が付与されている必要がある
☐ D. HR ユーザーに INHERIT PRIVILEGES 権限が付与されている必要がある

解説

BEQUEATH句を使用したビューはOracle Database 12cで追加され、ストアドプログラム同
様に定義者（所有者）権限と実行者権限を指定することができます。実行者権限（BEQUEATH
CURRENT_USER）で定義されたビューへのアクセスは、実行者の権限で実行されます（選択肢
Bが正解、選択肢Aは不正解）。

ストアドプログラムの実行者権限同様、セキュリティ上の注意が必要です。実行者権限は、実
行者の権限をビューの定義者に付与して実行することになります。ビューを問合せることで悪
意を持ったコードが実行される可能性があるため、定義者は実行者から権限継承を許可する
INHERIT PRIVILEGES権限が付与されている必要があります（選択肢Cが正解、選択肢Dは不
正解）。

🔲 **間違えたらここを復習**
→「4-2-3　PL／SQLコール時の権限チェック」

正解：**B、C** ☑☑☑

83

練習問題編

問題 21 重要度 ★★★

Oracle Data Redaction で実行される操作を選択しなさい。

○ A. 一時的に SELECT 結果を変更して戻す
○ B. 一時的に SELECT 結果や DML で使用する値を変更する
○ C. 実際のデータを変更して保存する
○ D. 特定の行を戻さないようにしたり NULL 値を戻す
○ E. 強力なファイングレイン機能で戻すデータを制御する

解説

Oracle Data Redaction は、SELECT 結果を一時的に変換して戻す機能です。リダクションは SELECT 時に行われます（選択肢 A は正解）。リダクションによる保護が施行されているセッションでは、DML での参照（INSERT INTO SELECT 文や相関副問い合わせによる UPDATE など）は「ORA-28081: Insufficient privileges - the command references a redacted object.」エラーとなります（選択肢 B は不正解）。

実際のデータを変更して保存するのは「Oracle Data Masking」機能です（選択肢 C は不正解）。本番データを変更してテスト環境に配布する場合に利用されます。

特定の行を戻さないように制限するのは「仮想プライベートデータベース」機能です（選択肢 D は不正解）。ファイングレインアクセスコントロール（FGAC）とアプリケーションコンテキストで許可されたレコードだけ戻す述語を SELECT 文や DML に追加できます。一時的な列の変更は、NULL 値にのみ変更することができます。

強力なファイングレイン機能で制御するのは、Oracle Database 12c から用意された「Oracle Application Security」機能です（選択肢 E は不正解）。既存の Oracle セキュリティ機能を活用した統合ソリューションで返されるデータを保護しますが、プログラミングが必要なため、コード修正が可能なアプリケーションで検討できます。

間違えたらここを復習
→「4-3 Oracle Data Redaction」

正解：A

問題 22 重要度 ★★☆

Oracle Data Redaction でリダクションされない操作として正しいものを 5 つ選択しなさい。

☐ A. EXEMPT REDACTION POLICY システム権限がある場合
☐ B. RMAN によるバックアップ／リストア操作
☐ C. Data Pump によるエクスポート／インポート操作

84

4 セキュリティ

☐ D. 表の所有者による操作
☐ E. パッチ適用操作
☐ F. レプリケーション操作

解説

Oracle Data Redaction によるリダクションは、DBMS_REDACT パッケージや Oracle Enterprise Manager Cloud Control を使用して設定することで開始されますが、適用されない操作があります。免除された操作の結果データはリダクションされずに戻されます（選択肢 C 以外は免除されるため正解）。

表の所有者であっても、EXEMPT REDACTION POLICY システム権限が付与されていなければリダクションされます（選択肢 C は不正解）。

◾ **間違えたらここを復習**

→「4-3 Oracle Data Redaction」

正解：A、B、D、E、F ☑☑☑

問題 23　　　　　　　　　　　　　　　　　重要度 ★★★

リダクションポリシーに関する説明として正しいものを 2 つ選択しなさい。

☐ A. 1 つのリダクションポリシー内では 1 つのリダクション方法のみ指定できる
☐ B. 1 つのリダクションポリシー内では 1 つの列のみ指定できる
☐ C. 1 つのリダクションポリシー内では 1 つの式のみ指定できる
☐ D. 1 つのリダクションポリシー内では 1 つの表のみ指定できる

解説

リダクションポリシーは DBMS_REDACT パッケージや Oracle Enterprise Manager Cloud Control を使用して定義します。リダクションポリシー内では「なにを」「いつ」「どのように」リダクションするか定義します。

1 つのオブジェクトには、1 つのリダクションポリシーのみ定義できます。そのため、1 つのポリシーは 1 つの表に対応します（選択肢 D は正解）。異なるオブジェクトでは同じポリシー名（policy_name）を使用することもできます。既存のポリシーは REDACTION_POLICIES ビューで確認できます。

ポリシーには、0 以上の列を指定できます。ADD_POLICY を使用したポリシー作成時は 1 つの列または NULL を指定します。ALTER_POLICY を使用することで列を追加／削除することができます（複数列が可能なため選択肢 B は不正解）。

「どのように」リダクションするかを指定するリダクションのタイプは、ALTER_POLICY で列を追加するごとに指定することができます（選択肢 A は不正解）。一方、「いつ」リダクションするかを

85

指定する式は、1つのポリシーに1つのみ指定することができます。ALTER_POLICYで変更することができますが、既存の式が上書きされます（選択肢Cは正解）。

間違えたらここを復習
→「4-3　Oracle Data Redaction」

正解：**C、D**

問題 24

重要度 ★★★

Oracle Data Redactionに関する説明として正しいものを2つ選択しなさい。

- A. 完全リダクションの値は変更することはできない
- B. 完全リダクションのデフォルト値はデータベース再起動後に反映される
- C. 1つのポリシー内で列ごとに異なる部分リダクションを設定できる
- D. 1つのポリシー内でデータ型ごとに異なる部分リダクションを設定できる

解説

「どのように」リダクションするかを指定するリダクションのタイプは4種類あり、ポリシーの定義のfunction_type引数で指定します。

完全リダクションで使用する定数値は、UPDATE_FULL_REDACTION_VALUESプロシージャで変更でき、データベースの再起動後に反映されます（選択肢Bは正解、選択肢Aは変更できるため不正解）。

部分リダクションのリダクション内容はfunction_parametersで指定しますが、列を追加するときに異なるリダクション方式を指定することができます。また、部分リダクションのパラメータも列ごとに指定することができます（選択肢Cは正解、書式はデータ型ごとにルールがあるが定義は列ごとのため選択肢Dは不正解）。

間違えたらここを復習
→「4-3　Oracle Data Redaction」

正解：**B、C**

問題 25

重要度 ★★★

次のコードを確認してください。

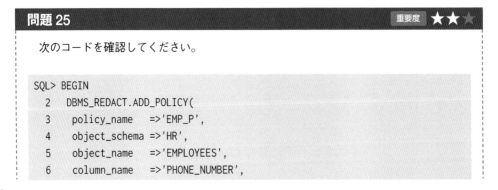

4 セキュリティ

```
 7     expression      =>'1=1',
 8     function_type =>DBMS_REDACT.REGEXP,
 9     regexp_pattern           => '(\d\d\d).(\d\d\d).(\d\d\d\d)',
10     regexp_replace_string => '*-*-\3',
11     regexp_position        => 1,
12     regexp_occurrence      => 0,
13     regexp_match_parameter => 'i');
14  END;
15  /
```

```
SQL> SELECT employee_id,phone_number FROM hr.employees
  2  FETCH FIRST 3 ROWS ONLY;

EMPLOYEE_ID PHONE_NUMBER
----------- ------------
        100 515.123.4567
        101 515.123.4568
        102 515.123.4569
```

リダクションされた結果データとして正しいものを選択しなさい。

○ A.
```
EMPLOYEE_ID PHONE_NUMBER
----------- ------------
        100
        101
        102
```
○ B.
```
EMPLOYEE_ID PHONE_NUMBER
----------- ------------
        100 *-*-4567
        101 *-*-4568
        102 *-*-4569
```
○ C.
```
EMPLOYEE_ID PHONE_NUMBER
----------- ------------
        100 ***-***-4567
        101 ***-***-4568
        102 ***-***-4569
```
○ D.
```
EMPLOYEE_ID PHONE_NUMBER
----------- ------------
        100 ***.***.4567
```

87

練習問題編

```
101 ***.***.4568
102 ***.***.4569
```

解説

　正規表現リダクションを使用することで、正規表現を使用した文字列の検索と置換を行うことができます。正規表現は regexp_xxx パラメータで指定します。regexp_pattern で指定した検索パターンに一致すると regexp_replace_string で指定した値にリダクションされます。

　regexp_pattern で指定している「\d」は 1 ケタの数字を表し「()」で囲むことで 1 つのグループを作成します。「123.456.7890」のような 3 桁 .3 桁 .4 桁の数字の検索パターンになります。regexp_replace_string で指定するリダクション結果値には、元の値を含めることもできます。「\3」は 3 つ目のグループを意味します。

　元の値の最初の 2 グループの数字は「*」1 文字になり、「.」区切りは「-」になり、3 つ目のグループはそのまま表示されます（選択肢 B が正解）。

　regexp_pattern で一致できないと、リダクション結果は NULL 値になります。「(\d\d\d).(\d\d\d)(\d\d\d\d)」のように 1 文字でも一致しないものがあればリダクション結果が表示されません（選択肢 A は不正解）。

　リダクション結果で置き換える値は、指定したとおりに出力されます。「***-***-4567」のように出力させるには、regexp_replace_string で「***-***-\3」と指定します（選択肢 C は不正解）。記号も同様で、「***.***.4567」のように「.」で区切るのであれば、regexp_replace_string で「***.***.\3」と指定します（選択肢 D は不正解）。

間違えたらここを復習

→「4-3　Oracle Data Redaction」

正解：B

問題 26　重要度 ★★★

　DBMS_REDACT.ALTER_POLICY を使用して実行できる内容に関する説明として正しいものを 2 つ選択しなさい。

☐ A. 指定した列のリダクション方法やパラメータを変更することができる
☐ B. 既存列のリダクション方法は列の削除と列の追加で行う必要がある
☐ C. 列の追加と削除を同時に実行することができる
☐ D. 列の追加または削除を実行することができる
☐ E. ポリシー式を追加したり変更したりすることができる
☐ F. 既存のポリシー式を削除するにはポリシーの再作成が必要である

88

> **解説**

　1つの表に1つのポリシーのみを定義することができるため、ADD_POLICY後は、ALTER_POLICYを使用して定義を変更します。列の追加や削除、定義済み列のリダクション方法の変更などが行えます。

　列の追加、削除、変更で使用するcolumn_nameは1つの列のみ指定することができます（選択肢Dは正解、選択肢Cは不正解）。既存列のリダクション方法はDBMS_REDACT.MODIFY_COLUMNアクションで変更することができます（選択肢Aは正解、削除は不要なため選択肢Bは不正解）。

　1つのポリシーで指定できるポリシー式は1つです。ALTER_POLICYでポリシー式を変更すると既存の式が上書きされます。ADD_POLICYにおいて、ポリシー式の指定 (expression) は必須のため、ポリシー式を後から追加したり削除することはできません（追加できないため選択肢Eは不正解。削除もできないため選択肢Fも不正解）。

→「4-3　Oracle Data Redaction」

正解：**A、D**

高可用性

練習問題編

学習日		
/	/	/

本章の出題範囲は次のとおりです。

- アクティブなデータベース複製の拡張
- クロスプラットフォームバックアップ / リストア
- マルチセクションの拡張
- RMAN コマンドラインインタフェースの拡張
- 表リカバリ
- 同一列セットの複数の索引
- 非表示の列
- オンライン再定義の拡張
- オンライン DDL 機能の拡張
- オンラインデータファイル移動

問題 1 重要度 ★★★

Oracle Database 12c の RMAN コマンドラインインタフェースに関する説明として正しいものを 2 つ選択しなさい。

- ☐ A. ALTER SESSION 文を使用してセッションパラメータを変更できる
- ☐ B. EXECUTE 文を使用してストアドプログラムを実行できる
- ☐ C. sql 接頭辞を使用せずに SELECT 文を実行すると問合せ結果を出力できる
- ☐ D. DESCRIBE を使用してパッケージ定義を確認できる
- ☐ E. DESCRIBE を使用して表定義を確認できる

解説

Oracle Database 12c の RMAN プロンプトでは、sql 接頭辞を使用せずに SQL 実行ができるようになり、SQL*Plus の DESCRIBE コマンドも使用できるようになりました。ただし、すべての機能が対応しているわけではありません。表やビューに対する DESCRIBE はサポートされましたが、パッケージやプロシージャに対する DESCRIBE は実行できず、「ORA-04044: procedure, function, package, or type is not allowed here」エラーとなります（選択肢 E は正解、選択肢 D は不正解）。

SQL のサポートでは、ALTER DATABASE や ALTER TABLESPACE などの ALTER は完全にサポートしましたが、ALTER SESSION によるセッションパラメータの変更はできません。エラーになりませんが変更もされません（選択肢 A は不正解）。

RMAN プロンプトで SELECT 文を実行し、問合せ結果を表示することができます。sql 接頭辞

5　高可用性

を指定した場合は、従来と同じ動作になります。そのため、sql接頭辞を使用したSELECT文では問合せ結果は戻りません（選択肢Cは正解）。

　PL／SQLの実行をサポートしますが、EXECUTE文ではなく、BEGINやDECLAREで開始し、ENDで終了するPL／SQLブロックで実行します（選択肢Bは不正解）。

■ 間違えたらここを復習
→「5-1-1　RMANコマンドラインインタフェースの拡張」

正解：**C、E** ☐☐☐

問題2　重要度 ★★★

　表リカバリに関する説明として正しいものを2つ選択しなさい。

☐ A. ゴミ箱からパージされていないときに実行できる
☐ B. バックアップとREDOログが存在する場合に実行できる
☐ C. 自己完結型の表領域に含まれている場合に実行できる
☐ D. 任意の時点までのリカバリを実行できる
☐ E. UNDOが存在している場合に実行できる

解説

　表リカバリは、削除された表を復元するための機能です。バックアップと適切なREDOログ（オンラインREDOログ、アーカイブREDOログ）が必要です（選択肢Bは正解）。リカバリ自体は、指定した時点までのリカバリを行うことができます（選択肢Dは正解）。

　リネームされた領域が上書きされるページ前であればゴミ箱から復元できるのは「フラッシュバックドロップ」です（選択肢Aは不正解）。

　誤ったトランザクションがコミットされた場合に使用する「フラッシュバックテーブル」は、UNDOが存在している必要がありますが、表リカバリはバックアップ技術を使用するため、リカバリの可能性が向上します（UNDOではないため、選択肢Eは不正解）。

　TSPITRと同様に、補助インスタンスとバックアップを使用して表リカバリが実行されます。TSPITRの場合は、ほかの表領域に依存オブジェクトが含まれない自己完結型の表領域である必要がありますが、表リカバリは自己完結型である必要はありません。指定した表単位でのPITRが実行されます（選択肢Cは不正解）。

■ 間違えたらここを復習
→「5-1-2　表リカバリ」

正解：**B、D** ☐☐☐

練習問題編

問題3   重要度 ★★★

表リカバリの実行に関する説明として正しいものを3つ選択しなさい。

☐ A. ARCHIVELOG モードである必要がある
☐ B. MOUNT モードで実行する必要がある
☐ C. 補助インスタンスが作成される
☐ D. Data Pump エクスポート／インポートによって表が復元される
☐ E. 現在のデータベースファイルがオンラインで使用される

解説

　表リカバリは、削除された表を復元するための機能です。TSPITR同様、バックアップを使用した補助データベースで指定した時点までの表が復元されます。そのため、表リカバリは、ターゲットインスタンスではなく、補助インスタンスで行われます（選択肢Cは正解）。補助インスタンスは、RMANで自動作成することができます。

　リカバリが実行されるデータベースは、現在のデータベースのバックアップを使用した補助データベースです（オンラインではないため選択肢Eは不正解）。

　現在のデータベースは、compatible パラメータが 12.0 以上、ARCHIVELOG モード、READ WRITE でオープンしている必要があります（選択肢Aは正解）。NOARCHIVELOG モードでは「RMAN-05004: target database log mode is NOARCHIVELOG」エラー、READ WRITE でオープン以外では「RMAN-05010: target database must be opened in READ WRITE mode for Tablespace Point-in-Time Recovery」エラーとなります（選択肢Bは不正解）。

　　　間違えたらここを復習
→「5-1-2　表リカバリ」

正解：A、C、D ☑☑☑

問題4   重要度 ★★★

表リカバリで指定できるオプションとして正しいものを4つ選択しなさい。

☐ A. 補助データベースを配置する場所
☐ B. リカバリ時点は SCN または時間のみが可能
☐ C. SYS スキーマの表をリカバリ対象表に指定する
☐ D. エクスポートファイルの保存場所とファイル名
☐ E. エクスポートはするがインポートはしないオプション
☐ F. リカバリ後の表名や格納する表領域名

92

5 高可用性

解説

表リカバリで使用するRECOVER TABLE文では「スキーマ名.表名」とUNTILを使用したリカバリ時点を指定します。UNTILでは、SCN（UNTIL SCN）、時間（UNTIL TIME）、ログ順序番号（UNTIL SEQUENCE）を使用することができます。リストアポイントはUNTILではなく「TO RESTORE POINT」で指定することができます（選択肢Bは不正解）。

リカバリを実行する補助インスタンスと補助データベースは「AUXILARY DESTINATION」でファイルの配置場所を指定することができます（選択肢Aは正解）。

エクスポートされたファイルは、補助データベースと同じ場所に配置するのがデフォルトですが、「DATAPUMP DESTINATION 'パス'」「DUMP FILE 'ファイル名'」を使用して保存場所やファイル名を指定することもできます（選択肢Dは正解）。

デフォルトではターゲットデータベースにインポートすることで表リカバリが完了しますが、「NOTABLEIMPORT」を使用してインポートさせないこともできます（選択肢Eは正解）。インポートする場合は、元の名前と表領域でインポートされるのがデフォルトですが、「REMAP TABLE」「REMAP TABLESPACE」を使用して表名と表領域名を変更することもできます。

SYSスキーマに対して表リカバリを実行することはできません。「RMAN-05056: Table SYS.T belongs to SYS」のようなエラーになります（選択肢Cは不正解）。

間違えたらここを復習

→「5-1-2　表リカバリ」

正解：**A、D、E、F**

問題 5　　　　　　　　　　　　　　　　　重要度 ★★★

Oracle Database 12c のマルチセクションバックアップに関する説明として正しいものを 3 つ選択しなさい。

☐ A. バックアップセットでのみ使用できる
☐ B. バックアップセットとイメージコピーで使用できる
☐ C. 完全バックアップでのみ使用できる
☐ D. 完全バックアップと増分バックアップで使用できる
☐ E. 制御ファイルと SPFILE では使用できない
☐ F. すべてのファイルで使用できる

解説

マルチセクションバックアップは、事前にファイルをセクションに分割する機能です。Oracle Database 11gではバックアップセットのみ使用可能でしたが、Oracle Database 12cではイメージコピーで使用することも可能になりました（選択肢Bは正解。選択肢Aは不正解）。複数チャネルを使用したパラレル処理で大きなイメージコピー作成時間が短縮できます。

93

練習問題編

　同様にOracle Database 11gでは完全バックアップでのみ使用できましたが、Oracle Database 12cでは増分バックアップでも使用できます（選択肢Dは正解。選択肢Cは不正解）。高速増分バックアップ（Block Change Tracking機能）を使用していない場合は、増分バックアップ時に元のファイルをすべて参照する必要がありますが、複数チャネルを使用したパラレル処理によって、大きなファイルからの増分バックアップ作成を高速化できます。

　データファイル、アーカイブログファイル、既存バックアップセットのバックアップを作成するとき、マルチセクションバックアップを使用することができます。制御ファイルとSPFILEで指定しても無視されます（選択肢Eは正解。選択肢Fは不正解）。

■ 間違えたらここを復習
→「5-1-3　マルチセクションの拡張」

正解：**B、D、E**

問題 6　　　　　　　　　　　　　　　　　　　　　　　重要度 ★ ★ ☆

　Oracle Database 12c のクロスプラットフォームデータ転送を行う手順として、必要なものがすべて含まれたものを選択しなさい。できる限り転送に必要な領域は少ない方法を選択するものとします。

　　1. BACKUP TO PLATFORM コマンドを使用してバックアップセットを取得
　　2. CONVERT コマンドを使用してデータファイルを変換する
　　3. Data Pump エクスポートを使用したトランスポータブル表領域セットの作成
　　4. 必要なファイルを宛先データベースに転送
　　5. RESTORE FOREIGN コマンドを使用してリストア
　　6. Data Pump インポートを使用してトランスポート
　　7. 表領域を読み取り専用に変更
　　8. 表領域を読み書き可能に変更

　　○ A. 7、3、2、4、6、8
　　○ B. 1、7、3、2、4、5、6、8
　　○ C. 7、1、4、5、8
　　○ D. 7、1、2、4、5、8

解説

　データ転送において表領域転送であれば、クロスプラットフォーム間のエンディアン形式の変換が可能です。イメージコピーを使用した場合は、メタデータのエクスポート後にCONVERTします。バックアップセットを使用する場合は、BACKUPコマンド内でTO PLATFORMを指定できます。

バックアップセットで表領域転送を行う場合は、以下の手順で実行します（選択肢Cが正解）。

7. 表領域を読み取り専用に変更
1. BACKUP TO PLATFORM コマンドを使用してバックアップセットを取得
4. 必要なファイルを宛先データベースに転送
5. RESTORE FOREIGN コマンドを使用してリストア
8. 表領域を読み書き可能に変更

イメージコピーで表領域転送を行う場合は、以下の手順で実行します（選択肢Aはイメージコピー用手順のため不正解）。

7. 表領域を読み取り専用に変更
3. Data Pump エクスポートを使用したトランスポータブル表領域セットの作成
2. CONVERT コマンドを使用してデータファイルを変換する
4. 必要なファイルを宛先データベースに転送
6. Data Pump インポートを使用してトランスポート
8. 表領域を読み書き可能に変更

■ 間違えたらここを復習

→「5-1-4　クロスプラットフォームデータ転送」

正解：**C**

問題7 　重要度 ★★★

　クロスプラットフォームデータ転送を使用してデータベースを転送します。転送にあたり、ソースデータベースの可用性を最大にする手順として正しいものを選択しなさい。

- ○ A. ARCHIVELOG モードと READ WRITE のオープンモードで実行する
- ○ B. 変換操作を宛先データベース側で実行する
- ○ C. 変換操作を宛先ソースベース側で実行する
- ○ D. イメージコピーを使用する
- ○ E. 同じエンディアン形式で変換が不要にする

解説

　データベース転送を行う場合、同じエンディアン形式のプラットフォームであればクロスプラットフォームデータ転送を行うことができます。Oracle Database 12cのデータ転送は、バックアップセットを使用することも可能なため、RMAN コマンドの BACKUP 時に変換するか、転送先で変換するかを選択できます。

　データベース転送時は、データベースを READ ONLY でオープンし、ソースデータベースをバックアップします（ARCHIVELOG モードである必要はなく、選択肢Aは不正解）。バックアッ

練習問題編

プ完了までソースデータベースは通常の動作（READ WRITE）ができません。READ WRITE に戻すまでの時間を短縮するなら、イメージコピーを使用するより、バックアップセットを使用した方がI／Oが少ないので、短時間で完了できる可能性が高くなります。必要であれば、圧縮やマルチセクションバックアップも検討できます（選択肢Dは不正解）。

　クロスプラットフォーム環境では、プラットフォームが異なるため、データベースファイルの変換作業が必要です。データベース転送は異なるエンディアン形式ではサポートされていません（選択肢Eは不正解）。変換作業は、ソースデータベース側でも宛先データベース側でも行えますが、ソースデータベース側で行う場合は、変換しながらのバックアップとなります。ソースデータベースの可用性を最大限にするには、宛先側での変換を検討します（選択肢Bは正解、選択肢Cは不正解）。

■ 間違えたらここを復習
→「5-1-4　クロスプラットフォームデータ転送」

正解：B ☑☑☑

問題8　重要度 ★★★

　次のコードを確認してください。

```
RMAN> SET ENCRYPTION ON;
RMAN> DUPLICATE DATABASE TO orcl3
2> FROM ACTIVE DATABASE
3> SECTION SIZE 1G
4> USING COMPRESSED BACKUPSET;
```

　上記のコードの動作に関する説明として正しいものを3つ選択しなさい。

☐ A. プル型で実行される
☐ B. プッシュ型で実行される
☐ C. 圧縮が行われる
☐ D. 暗号化が行われる
☐ E. イメージコピーが1GBで分割される

解説

　Oracle Database 12cのアクティブなデータベースの複製ではバックアップセットを使用することが可能です。ターゲットインスタンスのチャネル数が補助インスタンスのチャネル数以下であれば、バックアップセットが使用されます。チャネル数に依存せずにバックアップセットを使用するには「USING BACKUPSET」を指定します。バイナリ圧縮を有効にするなら「USING COMPRESSED BACKUPSET」を指定します（選択肢Cは正解）。バックアップセットが使用される場合は、補助

96

インスタンス（複製側）からターゲットインスタンス（ソース側）に取りに来る「プル型」の動作となります。イメージコピーを使用する場合は、補助インスタンス（複製側）からターゲットインスタンス（ソース側）に送り出す「プッシュ型」になります（選択肢Aが正解、選択肢Bは不正解）。

暗号化を行うには、DUPLICATE文の前にSET ENCRYPTION文を実行します。透過的暗号化、パスワード暗号化のいずれも使用することができます（選択肢Dは正解）。

SECTION SIZE句をDUPLICATE文で指定することで、事前にファイル分割を行うことができます。Oracle Database 12cではイメージコピーもマルチセクションが使用できるようになりましたので、イメージコピーとバックアップセットいずれの場合も分割することが可能です（問題文はUSING COMPRESSED BACKUPSET句によるバックアップセットのため選択肢Eは不正解）。

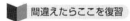
間違えたらここを復習

→「5-1-5 アクティブなデータベース複製の拡張」

正解：A、C、D

問題9　重要度 ★★★

Oracle Database 12cのアクティブなデータベースの複製に関する説明として正しいものを2つ選択しなさい。

☐ A. デフォルトでイメージコピーが使用される
☐ B. 補助インスタンスを使用せずに複製できる
☐ C. 非CDBをPDBとして複製できる
☐ D. 複製時に圧縮、セクションサイズ、暗号化を指定するオプションがある
☐ E. 複製完了時にオープンせずにマウントのままにしておくオプションがある

解説

アクティブなデータベースの複製を使用することで、ソースデータベースのバックアップを明示的に取得することなく複製データベースの作成ができます。Enterprise Manager Cloud Controlを使用しない場合、Oracle Netの準備（リスナーの静的サービス登録）や補助インスタンスの起動、パスワードファイルの準備などを事前に行っておく必要があります（選択肢Bは不正解）。

Oracle Database 11g以前はイメージコピーしか使用できませんでしたが、Oracle Database 12cではバックアップセットを使用して複製が行われます。明示的に「USING BACKUPSET」句を使用することもできますが、デフォルトでバックアップセットが使用されます（選択肢Aは不正解）。バックアップセットの場合は、複製中に圧縮（USING COMPRESSED BACKUPSET句）、セクションサイズ（SECTION SIZE句）、暗号化（処理前にSET ENCRYPTION文）を指定することもできます（選択肢Dは正解）。

DUPLICATE DATABASE文は、RESETLOGSでオープンが自動で行われます。これにより新しいDBIDを持つ複製が完了します。Oracle Database 12cでは、オープンさせないオプション

(NOOPEN) が追加されました。サービス名が重複しているために不具合が発生したり、初期化パラメータを修正したりするなど、オープン前に調整したい処理に便利です（選択肢Eは正解）。

Oracle Database 12cの複製はマルチテナントもサポートしています。現行のCDBをコピーすることができます。一部のPDBに限定したり、特定の表領域だけのPDBとして複製することもできます（選択肢Cは不正解。非CDBではなくCDBを複製する）

間違えたらここを復習
→「5-1-5　アクティブなデータベース複製の拡張」

正解：**D、E**

問題10　　　　　　　　　　　　　　　　　　重要度 ★★☆

現在、cdb1データベースには、pdb1、pdb2、pdb3のプラガブルデータベースが存在します。次のコードを使用した場合の結果として正しいものを選択しなさい。

```
DUPLICATE DATABASE TO cdb3
  PLUGGABLE DATABASE pdb1
  TABLESPACE pdb2:users;
```

- A. FROM ACTIVE DATABASE句を指定していないためエラーとなる
- B. 一部の表領域のみの指定はできないためエラーとなる
- C. PDB1とUSERS表領域のみもつPDB2で構成されたCDB3が作成される
- D. USERS表領域のみもつPDB1とPDB2で構成されたCDB3が作成される

解説

PDBの複製は、CDBを別のCDBとして複製します。バックアップを使用した複製と、アクティブな複製FROM ACTIVE DATABASE句のいずれも実行できます（選択肢Aは不正解）。

ソースデータベースとなるCDBの一部のPDBのみを複製するには、PLUGGABLE DATABASE句を使用します。SKIP PLUGGABLE DATABASE句を使用して、一部を除外することもできます。対象PDB内の一部の表領域だけを複製したい場合は、TABLESPACE句で「PDB名：表領域名」を指定します（選択肢Bは不正解）。

複製に使用する補助インスタンスは、「enable_pluggable_database=TRUE」を指定し、マルチテナントを有効化しておきます。ルートコンテナや複製されるPDBのシステム系表領域は、自動で複製されます。表領域の限定は、接頭辞となるPDBのみ対象となります（選択肢Cは正解、選択肢Dは不正解）。

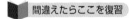
→「5-1-5　アクティブなデータベース複製の拡張」

正解：**B**

5　高可用性

問題11　　　　　　　　　　　　　　　　　　　　重要度 ★★☆

次のコードを確認してください。

```
RECOVER DATABASE UNTIL TIME '2014-04-15 23:00:00'
 SNAPSHOT TIME '2014-04-15 22:00:00';
```

上記のコードの実行に関する説明として正しいものを選択しなさい。

○ A. バックアップモード中に取得したバックアップである必要がある
○ B. RMAN リポジトリにカタログ化されている必要がある
○ C. スナップショット作成完了時刻が保存されている必要がある
○ D. リストアとリカバリが同時に実行される

解説

　ストレージ側の技術を使用したスナップショットでディスク単位のバックアップを行う場合、以前はバックアップモード中（BEGIN BACKUP～END BACKUP）に取得する必要がありました。Oracle Database 12cは、バックアップモードでなくても使用できるようになりました（選択肢Aは不正解）。

　ただし、クラッシュ一貫性、書き込み順序の保証、スナップショット作成完了時間が保存されているなどの最適化を満たすストレージスナップショットである必要があります（選択肢Cは正解）

　サードパーティスナップショットのリカバリは、サードパーティ側のツールを使用して、制御ファイルを含むすべてのデータベースファイルをリストアします。RMANリポジトリにカタログ化などは必要ありません（選択肢Bと選択肢Dは不正解）。

　すべてのREDOログを適用する完全リカバリを行うには、通常の「RECOVER DATABASE」文を使用します。特定の時点までのPITRを行う場合は、SNAPSHOT TIME句を使用して特定の保存されたスナップショット時刻を指示することができます。

間違えたらここを復習

→「5-1-6　ストレージスナップショットの最適化」

正解：**C**

問題12　　　　　　　　　　　　　　　　　　　　重要度 ★★☆

次のコードを確認してください。

```
CREATE TABLE tab1
 (c1 NUMBER(4),
  c2 VARCHAR2(10) INVISIBLE);
```

c2 列に関する説明として正しいものを 2 つ選択しなさい。

- A. 他セッションからデータを見ることができない
- B. 実際の列として格納されない
- C. DML を実行することができない
- D. 列名を明示的に指定しない限り SELECT 結果に含まれない
- E. PL／SQL コードの %TYPE で使用できない

解説

ビジネス要件の検証中は列が存在しないように扱い、検証後に公開するような場合は、非表示列が便利です。INVISIBLE 句で指定した非表示定義は、VISIBLE 句を使用してふたたび表示させることができます。非表示列は、明示的に列リストで指定したり、述語で列を指定しない限り使用されません（選択肢 D は正解）。

PL／SQL 変数は非表示列にアクセスできません。そのため、変数宣言時にデータ型として「tab1.c2%TYPE」としたり、「tab1%ROWTYPE」で宣言後「変数.c2」でアクセスすると「PLS-00320: the declaration of the type of this expression is incomplete or malformed」エラーとなります（選択肢 E は正解）。

実際の列として格納されず、DML による変更が許可されていないのは仮想列（VIRTUAL 句）です。式の結果を表示させるだけのため、実際の領域を使用しません（選択肢 B と選択肢 C は不正解）。

他セッションからアクセスできないのは、グローバル一時表（CREATE GLOBAL TEMPORARY TABLE 文）です。定義に基づき、現セッション中または現トランザクション中のみデータアクセスができます（選択肢 A は不正解）。

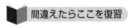

→「5-2-1　非表示の列」

正解：D、E

問題 13　　重要度 ★★★

次のコードを確認してください。

```
SET COLINVISIBLE ON
```

上記のコードを設定した結果に関する説明として正しいものを選択しなさい。

- A. DESCRIBE 結果に非表示列が表示される
- B. SELECT * 文の結果に非表示列が表示される
- C. 非表示列への DML 文が禁止される
- D. 非表示列への DML 文が保存されなくなる
- E. オプティマイザによる最適化において非表示索引も検討される

解説

明示的に指定したときに表示させる非表示列は、INVISIBLE句を使用して定義します。INVISIBLEで定義された列は、SELECT *文では表示されません。デフォルトではDESCRIBEコマンドで列定義を確認する場合も非表示です。「SET COLINVISIBLE ON」を指定後にDESCRIBEすると、非表示列も確認できます(選択肢Aは正解)。

非表示列として定義されている場合、SELECTやDML時も列が存在しないように扱われます。SET COLINVISIBLEではなく、明示的に列リストを使用することで指定できます(選択肢Bは不正解。DMLが禁止されたり保存できなくなることもないので選択肢Cと選択肢Dも不正解。オプティマイザに影響するのは非表示索引のため、非表示列とは無関係で選択肢Eも不正解)。

→「5-2-1　非表示の列」

正解：A

問題 14

次のコードを確認してください。

```
SQL> CREATE TABLE emp AS SELECT * FROM hr.employees;

SQL> CREATE INDEX emp_i1 ON emp(employee_id) INVISIBLE;
SQL> CREATE BITMAP INDEX emp_i2 ON emp(employee_id) INVISIBLE;
SQL> CREATE INDEX emp_i3 ON emp(employee_id) REVERSE;

SQL> show parameter invisible

NAME                                 TYPE        VALUE
------------------------------------ ----------- -----------
optimizer_use_invisible_indexes      boolean     FALSE

SQL> SELECT * FROM emp WHERE employee_id=100;
SQL> DELETE FROM emp WHERE employee_id=100;
```

上記のコードの実行に関する説明として正しいものを2つ選択しなさい。

- A. 同じ列に索引を作成できないため索引作成エラーとなる
- B. すべての索引の中からオプティマイザが最適な索引を選択する
- C. emp_i3 索引のみがオプティマイザによって選択可能となる
- D. emp_i3 索引のみが DML で更新される
- E. すべての索引が DML で更新される

解説

Oracle Database 11gでサポートした非可視索引（INVISIBLE）は、Oracle Database 12cにおいて同じ列に索引を定義するときにも指定することが可能になりました。これにより日中と夜間のように異なるワークロードで使用したい索引タイプが異なる列でも索引を切り替えることが容易になりました。

INVISIBLEで定義された索引は、オプティマイザによる選択はされません。オプティマイザから選択できるのはVISIBLE索引のみです。ただし、optimizer_use_invisible_indexesパラメータがTRUEの場合は、INVISIBLEの索引も選択可能になります（今回はFALSEのままのため、選択肢Cは正解、選択肢Bは不正解）。

オプティマイザから考慮されない一方で、INVISIBLE索引に対するDMLによる索引レコードの更新は行われます。そのため、即時にVISIBLEに戻すことができます（選択肢Eは正解、選択肢Dは不正解）。

INVISIBLE句を指定せずに同じ列に索引を作成する場合は、従来どおり「ORA-01408: such column list already indexed」エラーとなります（INVISIBLE句をつけているため選択肢Aは不正解）。

間違えたらここを復習
→「5-2-2　同一列セットの複数の索引」

正解：**C、E**

問題 15　重要度 ★★★

次のコードを確認してください。

```
BEGIN
 DBMS_REDEFINITION.START_REDEF_TABLE(
   uname        => 'SCOTT',
   orig_table   => 'EMP1',
   int_table    => 'EMP_TMP',
   copy_vpd_opt => DBMS_REDEFINITION.CONS_VPD_AUTO);
END;
/
```

コードの完了時の状態として正しいものを選択しなさい。

○ A. EMP1 に VPD が存在しない場合エラーとなる
○ B. EMP1 に VPD が存在する場合エラーとなる
○ C. EMP_TMP に VPD はコピーされないがエラーにならない
○ D. EMP_TMP に EMP1 の VPD がコピーされる

解説

元の表にVPDが存在していると、デフォルトのオンライン再定義（copy_vpd_optがDBMS_REDEFINITION.CONS_VPD_NONE）では実行エラーとなります（選択肢BはCONS_VPD_NONEの動作のため不正解）。

copy_vpd_optにDBMS_REDEFINITION.CONS_VPD_AUTOを指定したOracle Database 12cのオンライン再定義では、VPDが存在する場合、仮表にVPDポリシーをコピーします（選択肢Dは正解）。VPDが定義されていない場合でもエラーになりません（選択肢Aは不正解）。

VPDをコピーしないがエラーにもならないのは、copy_vpd_optにDBMS_REDEFINITION.CONS_VPD_MANUALを指定したオンライン再定義です（選択肢Cは不正解）。

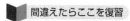
→「5-3-1　オンライン再定義の拡張」

解：D

問題 16

次のコードを確認してください。

```
BEGIN
 DBMS_REDEFINITION.FINISH_REDEF_TABLE(
  uname      => 'SCOTT',
  orig_table => 'EMP1',
  int_table  => 'EMP_TMP',
  dml_lock_timeout => 300);
END;
/
```

上記のコードの結果として正しいものを選択しなさい。

- A. 300秒待機後、EMP1のトランザクションを強制ロールバック
- B. 300秒待機後、EMP1のトランザクションを強制コミット
- C. 300秒以内にロック取得できなければエラーでプロンプトに戻る
- D. 300秒以内にロック取得できなければ強制フィニッシュでプロンプトに戻る

解説

オンライン再定義を完了するDBMS_REDEFINITION.FINISH_REDEF_TABLEでは、再定義対象表に排他表ロックが必要です。そのため、対象表でDMLが実行されていると排他表ロックが取得できず、ロック待ちになります。

Oracle Database 12cのFINISH_REDEF_TABLEでdml_lock_timeoutを使用すると、指定

練習問題編

した時間はロック取得を待機し、その間にロック取得できれば完了、できなければタイムアウトで「ORA-42042: time out in acquiring DML lock during online redefinition」エラーになります（選択肢Cは正解）。

元のトランザクションを操作したり、強制終了するようなことはできません。オンライン再定義を強制終了するABORT_REDEF_TABLEであっても、元表のトランザクション中は終了できません（選択肢A、選択肢B、選択肢Dは不正解）。

間違えたらここを復習
→「5-3-1　オンライン再定義の拡張」

解：**C**

問題17　重要度 ★★★

Oracle Database 12c のオンライン操作に関する説明として正しいものを2つ選択しなさい。

- ☐ A. DROP INDEX 文で ONLINE 句を指定できる
- ☐ B. ALTER TABLE...DROP CONSTRAINT...CASCADE ONLINE を使用することで制約と依存制約の削除中も DML 操作が許容される
- ☐ C. ALTER INDEX 文で UNUSABLE ONLINE を使用することで索引領域は即時解放される
- ☐ D. ALTER TABLE...SET UNUSED で ONLINE 句を使用すると後から列の削除を取り消すことができる
- ☐ E. 遅延制約の削除で ONLINE 句は使用できない

解説

Oracle Database 12cでは、索引の削除、索引のUNUSABLE、制約の削除、列削除のマーク付け時にONLINE句を使用することで、メンテナンス操作中のDMLが許容されます（選択肢Aは正解）。

ALTER TABLE...DROP CONSTRAINTによる制約削除もONLINE句をサポートしましたが、遅延制約の場合はONLINE句を使用できません（選択肢Eは正解）。また、依存制約を同時に削除するCASCADEと同時に指定することはできません。同時に指定した場合は「ORA-14419: DROP CONSTRAINT ONLINE does not support the CASCADE option.」エラーとなります（CASCADE ONLINEはエラーのため選択肢Bは不正解）。

ALTER INDEX...UNUSABLEによる索引の使用不可を行うと、対象となるセグメントが使用していた領域は即時に解放されます。一方、UNUSABLE ONLINE句を使用した場合は、索引セグメントを保持しつつ、DML操作を許可しながら使用不可への操作が行われます（ONLINE句があると即時解放されないため選択肢Cは不正解）。

104

5 高可用性

ALTER TABLE...SET UNUSED 文は指定列の削除のマークをつけ、後から実行する ALTER TABLE...DROP UNUSED COLUMNS 文で実際の領域を削除します。Oracle Database 12c の ONLINE 句は、削除マーク付け中も DML を許容します（列の削除を取り消す効果はないため選択肢 D は不正解）。

🔖 間違えたらここを復習

→「5-3-2　オンライン DDL 機能の拡張」

正解：A、E ☐☐☑

問題18　　　　　　　　　　　　　　　　　　　　重要度 ★★★

データファイルのオンライン移動を行う手順として正しいものを選択しなさい。

1. ALTER TABLESPACE sales ONLINE;
2. ALTER TABLESPACE sales OFFLINE;
3. ALTER DATABASE MOVE DATAFILE '/data1/sales01.dbf' TO '/data2/sales01.dbf';
4. ALTER TABLESPACE sales RENAME DATAFILE '/data1/sales01.dbf' TO '/data2/sales01.dbf';
5. !cp /data1/sales01.dbf /data2/sales01.dbf

○ A. 2、5、4、1
○ B. 2、5、3、1
○ C. 3
○ D. 5、3
○ E. 5、4

解説

Oracle Database 12c のオンラインデータファイル移動は、移動中も表領域のオンライン状態を維持します。

ALTER DATABASE MOVE DATAFILE 文を実行することで、自動的にファイルの移動とリネームが行われます。表領域のオフライン／オンラインやファイルの手動コピーを行う必要はありません（選択肢 C が正解。選択肢 A はオフライン移動の方法のため不正解。その他の選択肢は不適切な組み合わせのため不正解）

🔖 間違えたらここを復習

→「5-3-3　オンラインデータファイル移動」

正解：C ☐☐☑

105

問題 19

重要度 ★★★

データファイルのオンライン移動に関する説明として正しいものを選択しなさい。

- A. デフォルトではファイルのコピーではなく移動が行われる
- B. 既存ファイルが存在している場合はデフォルトで上書きされる
- C. OMFを使用している場合はオンライン移動を実行できない
- D. ASMを使用している場合はオンライン移動を実行できない

解説

ALTER DATABASE MOVE DATAFILE文は、KEEPとREUSEのオプションを使用することができます。デフォルトはKEEP指定なしのため、ファイル移動になります（選択肢Aが正解）。また、REUSE指定もないため、既存ファイルが存在しているとエラーになります（選択肢Bは不正解）。

OMF (Oracle Managed Files) はファイルを作成するときの技術です。オンライン移動も含めて、OMFファイルを非OMFファイルに移動することと、非OMFファイルをOMFファイルに移動することのいずれも可能です（選択肢Cは不正解）。

オンラインデータファイル移動は、ASMでも可能です。別のASMディスクグループに移動するだけでなく、ASMディスクグループとファイルシステム間で移動することもできます（選択肢Dは不正解）。

間違えたらここを復習
→「5-3-3 オンラインデータファイル移動」

正解：A

問題 20

重要度 ★★★

データファイルのオンライン移動に関する説明として正しいものを選択しなさい。

- A. フラッシュバックデータベースでデータファイル移動前に戻すことができない
- B. オフラインのデータファイルを移動することはできない
- C. MOUNTモードでデータファイルを移動することはできない
- D. オンラインバックアップ中のデータファイルを移動することはできない
- E. 読み取り専用のデータファイルを移動することはできない

解説

データファイルのオンライン移動は、データベースがMOUNTまたはOPENモードで実行することのできる機能です（MOUNTでも可能なため選択肢Cは不正解）。

オフラインのデータファイルを移動しようとすると「ORA-01135: file 8 accessed for DML/query is offline」のようなエラーとなります（選択肢Bは正解）。

オンラインバックアップ中（BEGIN BACKUP）や読み取り専用（READ ONLY）のデータファ

5　高可用性

イルをオンライン移動することは可能です（実行できるため選択肢Dと選択肢Eは不正解）。

　フラッシュバックデータベースによるフラッシュバックが進行中に移動した場合は「ORA-00241: operation disallowed: control file inconsistent with data dictionary」のようなエラーとなります。進行中でなければ、オンライン移動後でもフラッシュバックデータベースで移動前に戻すことができます。ただし、フラッシュバックデータベースで指定する時点までに実行されたデータファイルの移動は影響しません。指定した時点までフラッシュバックされますが、移動されたデータファイルはそのままとなります（ファイル名は戻らないが、データ自体はデータファイル移動前に戻れるため選択肢Aは不正解）。

> ■ 間違えたらここを復習
> →「5-3-3　オンラインデータファイル移動」

正解：**B**

第6章 管理性

本章の出題頻度 ★★★☆

練習問題編

学習日		
/	/	/

本章の出題範囲は次のとおりです。

- リアルタイムデータベース操作監視
- ADR DDL ログとデバッグログ
- リソースマネージャの拡張
- CDB と PDB のためのリソースマネージャ

問題1　重要度 ★★★

リアルタイムデータベース操作監視に関する説明として正しいものを2つ選択しなさい。

- ☐ A. ある時点の長時間実行される1つの SQL や PL／SQL 処理を監視する
- ☐ B. 2つの時点間の複数の SQL や PL／SQL 処理を監視する
- ☐ C. 1つのセッションで実行する処理を監視する
- ☐ D. 1つのセッションだけでなく複数のセッションを同時に監視する

解説

　リアルタイムデータベース操作監視は、2つの時点間で実行された SQL や PL／SQL 処理を監視します。期間内の操作は、1つのセッションでも複数セッションでも対象にすることができます（選択肢Bと選択肢Dは正解）。

　特定のセッションで、ある時点に長時間実行している SQL や PL／SQL 処理を監視するのは、リアルタイム SQL 監視の機能です（選択肢Aと選択肢Cは不正解）。

間違えたらここを復習
→「6-1　リアルタイムデータベース操作監視」

正解：**B、D** ✓✓✓

問題2　重要度 ★★★

次のコードを確認してください。

```
SQL> variable dbop_eid NUMBER;
SQL> BEGIN
  2    :dbop_eid := DBMS_SQL_MONITOR.BEGIN_OPERATION(
  3             dbop_name      =>'sh_count',
```

6　管理性

```
    4               forced_tracking=>DBMS_SQL_MONITOR.FORCE_TRACKING);
    5  END;
    6  /


-- SQL1
SQL> SELECT COUNT(*) FROM sh.sales;
-- SQL2
SQL> SELECT COUNT(*) FROM sh.customers;
-- SQL3
SQL> SELECT COUNT(*) FROM sh.costs;

SQL> exec DBMS_SQL_MONITOR.END_OPERATION('sh_count',:dbop_eid)
```

　監視される SQL 文を選択しなさい。

○ A. 1 つの SQL 実行でパラレルに実行されるか、CPU または I ／ O 時間が 5 秒以上の
　　　場合に監視される
○ B. SQL1 のみ監視される
○ C. SQL3 のみ監視される
○ D. セッション内のすべての SQL が監視される

6

解説

　リアルタイムデータベース操作監視は、DBMS_SQL_MONITOR.BEGIN_OPERATIONを使
用してセッションで有効化します。END_OPERATIONを発行するまでに実行されたSQL文が
監視対象になります。

　デフォルトでは、1つのSQL実行でパラレルに実行されるか、CPUまたはI／O時間が5秒
以上の場合に監視されます。BEGIN_OPERATION時に「forced_tracking=>DBMS_SQL_
MONITOR.FORCE_TRACKING（文字列 'Y' でも可能)」を指定すると、有効化後のセッ
ションで実行したすべてのSQLを監視します（選択肢Dは正解、デフォルトの「NO_FORCE_
TRACKING」の説明となる選択肢Aは不正解)。

　明示的に監視対象SQL文を制限するのであれば「MONITOR」「NO_MONITOR」ヒントを
使用することもできます（特定SQLにするにはヒントが必要なため選択肢Bと選択肢Cは不正解)。

間違えたらここを復習

→「6-1　リアルタイムデータベース操作監視」

正解：**D**

練習問題編

問題3　　　　　　　　　　　　　　　　　　　　　　　　　　　　　　重要度 ★★★

次の資料を確認してください。

```
SQL> SELECT dbop_name,dbop_exec_id,status
  2  FROM v$sql_monitor WHERE dbop_name LIKE 'DBOP%';


DBOP_NAME  DBOP_EXEC_ID STATUS
---------- ------------ ------------
DBOP_cust            1 DONE
DBOP_sales           2 EXECUTING
```

上記の資料に関する説明として正しいものを2つ選択しなさい。

☐ A. DBOP_sales 操作内で2つの SQL 文が実行中である
☐ B. DBOP_sales 操作内の SQL 実行は不明だが操作監視が継続中である
☐ C. 操作が完了する前に結果レポートを表示することができる
☐ D. Enterprise Manager では操作が完了するまで結果レポートを表示できない

解説

　リアルタイムデータベース操作監視は、2つの時点間のSQLやPL／SQL処理をリアルタイムに監視できる機能です。DBMS_SQL_MONITOR.BEGIN_OPERATIONによる操作の開始で指定した「操作名」と「実行ID」で各操作は識別されます。実行IDは、デフォルトで自動割当てされますが、明示的に指定することもできます（実行IDは操作内のSQL実行数ではないため選択肢Aは不正解）。

　監視結果はV$SQL_MONITORビューに格納されます。実行中はSTATUSが「EXECUTING」となり、毎秒リアルタイムに更新されます。実行後のSTATUSは「DONE」になり、しばらくは残されます（SQL実行中かにかかわらずDBMS_SQL_MONITOR.END_OPERATIONするまで操作監視が実行中のため選択肢Bは正解）。

　監視結果レポートとして出力する場合は、DBMS_SQL_MONITORパッケージのレポート用ファンクションを使用します。結果レポートは、操作が完了する前も完了した後で出力することもできます（選択肢Cは正解、選択肢Dは不正解）。

間違えたらここを復習

→「6-1　リアルタイムデータベース操作監視」

正解：**B、C**　☑ ☑ ☑

6 管理性

問題4 重要度 ★★★

次のコードを確認してください。

```
ALTER SYSTEM SET enable_ddl_logging=TRUE;
```

この環境に関する説明として正しいものを 2 つ選択しなさい。

☐ A. アラートログファイルに DDL 文が記録される
☐ B. DDL ログファイルに DDL 文が記録される
☐ C. 監査証跡に DDL 文が記録される
☐ D. DDL を実行した時間が記録される
☐ E. ADR ホーム／alert ディレクトリに記録される

解説

enable_ddl_logging パラメータを TRUE に設定することで、DDL ログの取得が有効化されます。DDL ログの取得が有効化されると、実行された DDL の文テキスト、実行時間、クライアントなどの情報が DDL ログファイルに記録されます(選択肢 D は正解。ただし XML 形式に限る)。DDL ログファイルはアラートログや監査証跡ではなく独立したファイルです(選択肢 B が正解。選択肢 A と選択肢 C は不正解)。

DDL ログファイルはテキスト形式と XML 形式があり、テキスト形式は「ADR ホーム /log/ddl_SID 名 .log」、XML 形式は「ADR ホーム /log/ddl/log.xml」に保存されます(alert ディレクトリは XML のアラートログの保存場所のため選択肢 E は不正解)。

間違えたらここを復習

→「6-2 ADR の拡張」

正解:**B、D** ☐☐☐

問題5 重要度 ★★☆

次のコードを確認してください。

```
adrci> show log;
```

出力される結果に関する説明として正しいものを 2 つ選択しなさい。

☐ A. ADR ホーム /log/ddl/log.xml が読み込まれる
☐ B. ADR ホーム /log/ddl_SID 名 .log が読み込まれる
☐ C. DDL 実行時間と DDL 文テキストが表示される

111

練習問題編

□ D. DDL 文テキストのみ表示される

□ E. DDL 実行時間、DDL 文テキスト、実行した Oracle ユーザー名が表示される

解説

ADRCI で show log コマンドを使用すると、XML 形式の DDL ログファイルを読み込み、DDL 文を実行した時間と DDL 文テキストを表示します。

XML 形式の DDL ログファイルは「ADR ホーム /log/ddl/log.xml」です。log.xml ファイルは enable_ddl_logging パラメータを TRUE に変更後、最初の DDL 文実行後に生成されます。log.xml ファイルが存在しない場合に show log コマンドを実行すると「No diagnostic log in selected home」として何も表示されません（XML 形式の選択肢 A が正解、テキスト形式の選択肢 B は不正解）。

XML 形式の DDL ログファイルには、DDL 文実行時間や DDL 文テキストだけでなく、クライアントマシン名なども記録されますが、show log コマンドで表示されるのは DDL 実行時間と DDL 文テキストのみです（選択肢 C が正解、選択肢 D と選択肢 E は不正解）。

間違えたらここを復習

→「6-2　ADR の拡張」

正解：**A、C**

問題 6　重要度 ★★★

PDB 間で制限できるリソースを 2 つ選択しなさい。

□ A. CPU リソース

□ B. UNDO 使用量

□ C. パラレル実行サーバー

□ D. アクティブセッションプール

□ E. アイドル時間

解説

CDB リソース計画を使用することで、PDB 間で競合する「CPU リソース」と「パラレル実行サーバー」を制限することができます（選択肢 A と選択肢 C が正解）。

UNDO 使用量、アクティブセッションプール、アイドル時間制限、実行時間や I ／ O に対するしきい値などは、PDB 内の固有リソース計画で定義できますが、PDB 間に影響はしません（選択肢 B、選択肢 D、選択肢 E は不正解）。

間違えたらここを復習

→「6-3-1　CDB 計画と PDB 計画」

正解：**A、C**

問題 7　　　重要度 ★★★

CDBリソース計画の定義内で、PDBに割当てたリソースを制限するディレクティブを2つ選択しなさい。

- ☐ A. max_utilization_limit
- ☐ B. utilization_limit
- ☐ C. parallel_target_percentage
- ☐ D. parallel_server_limit
- ☐ E. parallel_servers_target

解説

CDBリソース計画では、shareディレクティブでPDB間のCPUリソースとパラレル実行サーバーを制限します。割当てられたリソースをPDBごとに制限を上書きすることもできます。CPUリソースはutilization_limitディレクティブ、パラレル実行サーバーはparallel_server_limitディレクティブで制限します（選択肢Bと選択肢Dは正解）。

parallel_server_limitディレクティブによる制限は、パラレルサーバーの最大数（parallel_servers_targetパラメータ）に対する比率になります（選択肢Eは不正解）。

PDB内で固有のリソース計画でも、CPUリソース制限（max_utilization_limitディレクティブ）、最大パラレルサーバー制限（parallel_target_percentageディレクティブ）は可能です（問題ではCDBリソース計画の定義としているため、選択肢Aと選択肢Cは不正解）。

間違えたらここを復習
→「6-3-1　CDB計画とPDB計画」

正解：**B、D**

問題 8　　　重要度 ★★★

次のコードを確認してください。

```
DBMS_RESOURCE_MANAGER.UPDATE_CDB_AUTOTASK_DIRECTIVE(
  plan                     => 'daytime_plan',
  new_shares               => 1,
  new_utilization_limit    => 75,
  new_parallel_server_limit => 50);
```

コードを実行した結果として正しいものを選択しなさい。

- ○ A. 対象プラン内のすべてのディレクティブが変更される
- ○ B. 既存のディレクティブすべてが変更される

練習問題編

- ○ C. 今後作成されるディレクティブに影響する
- ○ D. 自動化メンテナンスタスクの実行に影響する

解説

CDBリソース計画は、ペンディングエリアを作成した上で、DBMS_RESOURCE_MANAGERパッケージを使用して作成します。

自動化メンテナンスタスク（オプティマイザ統計収集、自動セグメントアドバイザ、自動SQLチューニング）の実行時、対象ウィンドウがオープンされることで、DEFAULT_MAINTENANCE_PLANがアクティブ化されます。自動化メンテナンスタスクのshare、utilization_limit、parallel_server_limitディレクティブは、それぞれデフォルト値が-1、90、100ですが、UPDATE_CDB_AUTOTASK_DIRECTIVEプロシージャを使用して変更することができます（選択肢Dは正解）。

今後追加されるPDBのためのデフォルトCDBリソース計画のshare、utilization_limit、parallel_server_limitディレクティブは、それぞれデフォルト値が1、100、100ですが、UPDATE_CDB_DEFAULT_DIRECTIVEプロシージャを使用して変更することができます（選択肢Cは不正解）。

既存のディレクティブすべてが変更されるプロシージャはありません（選択肢Bは不正解）。明示的に設定したCDBリソース計画内のディレクティブ変更は、UPDATE_CDB_PLAN_DIRECTIVEプロシージャでPDBごとに行う必要があります（選択肢Aは不正解）。

間違えたらここを復習

→「6-3-1　CDB計画とPDB計画」

正解：D

問題9

重要度 ★★☆

次のコードを確認してください。

```
SQL> SELECT plan, pluggable_database "PDB",
  2         shares, utilization_limit, parallel_server_limit
  3  FROM dba_cdb_rsrc_plan_directives;
PLAN                PDB                        SHA  UTI  PAR
------------------  -------------------------  ---- ---- ----
...
DAYTIME_PLAN        ORA$AUTOTASK                     90   100
DAYTIME_PLAN        PDB1                        1    100  70
DAYTIME_PLAN        PDB2                        2
DAYTIME_PLAN        PDB3                        1    50   80
DAYTIME_PLAN        ORA$DEFAULT_PDB_DIRECTIVE   1    20   100
```

この環境に関する説明として正しいものを2つ選択しなさい。

114

6 管理性

- ☐ A. PDB2 に割当てられたリソースは無制限で利用できる
- ☐ B. ORA$AUTOTASK の shares 値は「1」が設定される
- ☐ C. ORA$AUTOTASK と ORA$DEFAULT_PDB_DIRECTIVE は自動で作成される
- ☐ D. PDB2 にはほかの PDB の 2 倍のリソース割当てが行われる

解説

ルートコンテナの DBA_CDB_RSRC_PLAN_DIRECTIVES ビューで既存の CDB リソース計画のディレクティブを確認することができます。

DBMS_RESOURCE_MANAGER.CREATE_CDB_PLAN で CDB リソース計画を作成すると、ORA$AUTOTASK（自動化メンテナンスタスク用）と ORA$DEFAULT_PDB_DIRECTIVE（デフォルト割当て用）は自動で作成されます（選択肢 C は正解）。

share は、CPU リソースとパラレル実行サーバーが、全体に対してどのくらい割当て保障されるかを制御します。ほかが「1」のときに「2」を設定された PDB は、2 倍のリソースが保障されます（選択肢 D は正解）。

utilization_limit（CPU リソース制限）と parallel_server_limit（パラレル実行サーバー制限）を指定せずにディレクティブを作成すると、デフォルト値が使用されます（問題の utilization_limit のデフォルトが 20 のため、選択肢 A は不正解）。後からデフォルト値を変更した場合、既存のディレクティブに影響はしません。

ORA$AUTOTASK による自動化メンテナンスタスクの share 値が null の場合、デフォルトの「-1」が設定されています。この場合、システム全体の 20% の割当てに制限されます（選択肢 B は不正解）。

間違えたらここを復習

→「6-3-1　CDB 計画と PDB 計画」

正解：**C、D**

問題 10

重要度 ★★★

CDB リソース計画を有効化する方法として正しいものを 2 つ選択しなさい。

- ☐ A. 各 PDB の resource_manager_plan パラメータに CDB リソース計画を設定する
- ☐ B. ルートコンテナで resource_manager_plan パラメータに CDB リソース計画を設定する
- ☐ C. サービスを使用して CDB リソース計画を設定する
- ☐ D. スケジューラのジョブクラスを使用して CDB リソース計画を設定する
- ☐ E. スケジューラのウィンドウを使用して CDB リソース計画を設定する

解説

CDB リソース計画の有効化は、非 CDB のリソース計画の有効化と同じ方法で行います。

115

練習問題編

resource_manager_plan パラメータもしくは、DBMS_RESOURCE_MANAGER.SWITCH_PLAN を使用して CDB リソース計画を設定することができます。CDB リソース計画はルートコンテナで作成し、ルートコンテナのみが認識しているため、PDB 側で有効化しようとしても対象リソース計画が存在しないので無効です（選択肢 B は正解、選択肢 A は不正解）。

　スケジューラ（DBMS_SCHEDULER）のウィンドウを使用すると、ウィンドウがオープンしたときに自動でリソース計画を設定することができます（選択肢 E は正解）。スケジューラのジョブクラスは、コンシューマグループと対応付けるために使用します（選択肢 D は不正解）。

　コンシューマグループマッピングを使用することで、リソースマネージャのコンシューマグループとサービスを対応付けることはできますが、リソース計画の有効化は別です（選択肢 C は不正解）。

間違えたらここを復習

→「6-3-1　CDB 計画と PDB 計画」

正解：**B、E** ☑☑☑

問題 11　　　　　　　　　　　　　　　　　　　　重要度 ★★★

　PDB レベルで設定するリソースマネージャに関する説明として正しいものを 3 つ選択しなさい。

☐ A. 単一レベルのリソース計画のみ可能
☐ B. 複数レベルのリソース計画が可能
☐ C. 1 つのプランで最大 8 つのコンシューマグループまで可能
☐ D. 1 つのプランで 9 つ以上のコンシューマグループも可能
☐ E. サブプランを設定できない
☐ F. サブプランを設定できる

解説

　PDB レベルでは、PDB 固有のリソースマネージャ（PDB リソース計画）を構成することができます。必要であれば、CDP リソース計画同様に共有（share）、CPU リソース制限（max_utilization_limit）、最大パラレルサーバー制限（parallel_target_percentage）を使用して制御することもできます。

　ただし、非 CDB と異なり、次の制限が適用されます。

● 複数レベルの CPU ポリシーを使用できない
● コンシューマグループは最大 8 つまで
● サブプランは使用できない

　非 CDB では、EMPHASIS モードで最大 8 レベルの CPU ポリシーが使用できますが、PDB

リソース計画では1つのレベルのみ使用できます。複数レベルを使用すると「ORA-56730: pluggable database plan DAYTIME_PLAN may not specify parameter MGMT_P2」エラーとなります（選択肢Aは正解、選択肢Bは不正解）。

PDBリソース計画では、8つまでのグループに対するディレクティブを設定できます。非CDBでは最大28のコンシューマグループやサブプランを使用することができますが、PDBリソース計画で9つ以上を構成しようとすると「ORA-29376: number of consumer groups 51 in plan DAYTIME_PLAN exceeds 8」エラーとなります（選択肢Cは正解、選択肢Dは不正解）。

PDBリソース計画では、プランを入れ子にするサブプランは使用できません。設定しようとすると「ORA-56731: pluggable database plan DAYTIME_PLAN may not use subplans」エラーとなります（選択肢Eは正解、選択肢Fは不正解）。

間違えたらここを復習

→「6-3-1　CDB計画とPDB計画」

正解：A、C、E

問題12　重要度 ★★★

リソース計画が構成済みの非CDBをPDBに変換する際の扱いとして正しいものを2つ選択しなさい。

- ☐ A. PDBの制限に違反していなければディクショナリに保存されるが使用できない
- ☐ B. PDBの制限に違反していなければそのまま使用される
- ☐ C. PDBの制限に違反している場合は同等の計画に変換される
- ☐ D. PDBの制限に違反している場合はPDBへの変換エラーとなる
- ☐ E. PDBの制限に違反している場合はディクショナリから削除される

解説

PDBリソース計画は、次のいずれにも違反していなければそのまま使用されます（選択肢Bは正解、選択肢Aは不正解）。

- CPUレベルはレベル1のみ使用
- プラン内のコンシューマグループ数が8以下
- サブプランがない

いずれかに違反している場合は、同等の計画に変換されます（選択肢Cは正解、選択肢Dと選択肢Eは不正解）。元の計画は、LEGACYステータスとして保存されているため、確認することは可能です。

117

📘 間違えたらここを復習
→「6-3-1　CDB計画とPDB計画」

正解：B、C

問題13　　　　　　　　　　　　　　　　　　　　重要度 ★★★

　Oracle Database 12cのリソースマネージャで設定できる機能に関する説明として正しいものを2つ選択しなさい。

☐ A. セッションの接続時間をしきい値に設定しグループを切り替えることができる
☐ B. セッションのアイドル時間をしきい値に設定しグループを切り替えることができる
☐ C. しきい値を超えるとグループを切り替えるのではなく、SQL監視のログ記録のみを行うことができる
☐ D. 同時ログインしているユーザー数をしきい値に設定しグループを切り替えることができる
☐ E. 論理I/Oをしきい値に設定しグループを切り替えることができる

解説

　リソースマネージャではしきい値を設定し、しきい値を超えると別グループに切り替えたり、セッションを切断することで、最適なリソース使用量を保持することができます。
　しきい値を超えると実行できる操作として、SWITCH_GROUPに「LOG_ONLY」を指定することでリアルタイムSQL監視のログ記録のみを行うことができるようになりました（選択肢Cは正解）。
　新しいしきい値として、経過時間と論理I/Oを使用することが可能です。「SWITCH_ELAPSED_TIME」で経過時間、「SWITCH_IO_LOGICAL」で論理I/O量を指定することができます（選択肢Eは正解）。
　セッションの接続時間を使用したリソース制限はありません（選択肢Aは不正解）。アイドル時間をしきい値に設定することはできませんが、指定した時間を超過すると切断するのであれば「MAX_IDLE_TIME」を使用します（選択肢Bは不正解）。
　同時ログインのユーザー数をしきい値に設定することはできませんが、アクティブセッション数を超過したときに待機させる場合は「ACTIVE_SESS_POOL_P1」を使用します（選択肢Dは不正解）。

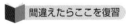
→「6-3-2　しきい値の拡張」

正解：C、E

本章の出題頻度
★★★☆

練習問題編

7 パフォーマンス

学習日		
／	／	／

本章の出題範囲は次のとおりです。

- 適応問合せ最適化
- 適応 SQL 計画管理
- ヒストグラムの拡張
- バルクロードのオンライン統計収集
- グローバル一時表のセッションプライベート統計
- 自動列グループ検出
- SQL 計画ディレクティブ
- 緊急監視とリアルタイム ADDM
- 期間比較 ADDM
- ASH 分析
- マルチプロセスマルチスレッド
- スマートフラッシュキャッシュ
- 一時 UNDO
- 高度なネットワーク圧縮

問題 1　　　　重要度 ★★★

SYS_AUTO_SPM_EVOLVE_TASK タスクに関する説明として正しいものを選択しなさい。

○ A. 未承認の実行計画が自動化メンテナンスタスクで自動展開される
○ B. 負荷の高い SQL 文に対するよりよい実行計画が自動で計画ベースライン化される
○ C. デフォルトで負荷の高い SQL 文が SQL 計画ベースラインに自動登録される
○ D. AWR スナップショットから SQL 計画ベースラインが自動登録される
○ E. SQL 管理ベースで使用する領域が最適化される

解説

SQL 計画管理の対象 SQL を自動収集 (optimizer_capture_sql_plan_baselines=TRUE) にした場合、初回の実行計画のみが計画ベースラインになり、2 番目以降の実行計画は計画履歴に格納される未承認実行計画となります。

Oracle Database 11g では、DBMS_SPM.EVOLVE_SQL_PLAN_BASELINE プロシージャを使用して手動で検証するか、自動 SQL チューニングアドバイザから検証される必要がありましたが、

119

練習問題編

Oracle Database 12cのSYS_AUTO_SPM_EVOLVE_TASKタスク（自動展開タスク）によって自動で検証できるようになりました。自動展開タスクは自動化メンテナンスタスクのSQLチューニングアドバイザタスクに連動して自動実行されます（選択肢Aが正解）。

AWRスナップショット内の負荷の高いSQLを対象として、各種分析、推奨事項を生成するのは、自動SQLチューニングアドバイザです（選択肢Cと選択肢Dは不正解）。よりよい実行計画は、SQLチューニングアドバイザのプロファイルが提供します。自動展開タスクは、未承認実行計画のみを対象とします（選択肢Bは不正解）。

デフォルトの設定では、SYSAUX表領域内のSQL管理ベース（SQL計画管理で使用される保管領域）で使用していない実行計画はパージされますが、自動展開タスクには連動しません（選択肢Eは不正解）。

間違えたらここを復習
→「7-1-1 適応SQL計画管理」

正解：A ☑☑☑

問題2

重要度 ★★★

Oracle Database 12cの自動展開タスクに関する説明として正しいものを4つ選択しなさい。

- ☐ A. メンテナンスウィンドウで実行される
- ☐ B. アドバイザタスクとして実行される
- ☐ C. DBMS_SPM.CREATE_EVOLVE_TASKで手動タスクを作成することができる
- ☐ D. Enterprise Managerで結果を表示できる
- ☐ E. DBMS_SPM.REPORT_AUTO_EVOLVE_TASKファンクションで結果を表示できる

解説

自動展開タスクは、メンテナンスウィンドウを使用したアドバイザタスク（SYS_AUTO_SPM_EVOLVE_TASK）として実行するか、DBMS_SPMパッケージのxxx_EVOLVE_TASKプロシージャ／ファンクションを使用して手動でタスクを作成することもできます（選択肢A、選択肢B、選択肢Cは正解）。

アドバイザタスクとして実行した自動展開タスク結果は、DBMS_SPM.REPORT_AUTO_EVOLVE_TASKファンクションを実行することで表示できます。Enterprise Manager Cloud Controlのアドバイザセントラルページにタスク実行がリストされますが、結果を出力することができません（選択肢Eは正解、選択肢Dは不正解）。

間違えたらここを復習
→「7-1-1 適応SQL計画管理」

正解：A、B、C、E ☑☑☑

120

7 パフォーマンス

問題3

重要度 ★★★

次のコードを確認してください。

```
SELECT * FROM TABLE(DBMS_XPLAN.DISPLAY_SQL_PLAN_BASELINE(
 'SQL_fba91601467a7762'));
```

Oracle Database 12c のデータベースで上記のコードを実行した結果に関する説明として正しいものを選択しなさい。

○ A. 現在の環境で作成された実行計画が表示される
○ B. 計画履歴に格納された時点の実行計画が表示される
○ C. 現在のメモリーに存在する実行計画が表示される
○ D. AWR に保存された実行計画が表示される

解説

SQL 計画管理では、SYSAUX 表領域の SMB（SQL 管理ベース）に情報が保存されます。Oracle Database 11g の SQL 計画管理は、ヒントが保存されるだけのため、DBMS_XPLAN.DISPLAY_SQL_PLAN_BASELINE によって実行計画を取得する際に、現在の環境で文が解析され、作成された実行計画が戻されます。したがって、計画ベースラインを作成した時点と現在の環境では、異なる実行計画が戻る可能性があります（選択肢 A は Oracle Database 11g の動作のため不正解）。

Oracle Database 12c の SQL 計画管理では、計画履歴に格納される時点の実行計画が SMB に保存されます。DBMS_XPLAN.DISPLAY_SQL_PLAN_BASELINE は、SMB から実行計画を取得します（選択肢 B は正解）。

現在のメモリーから実行計画を取得するのは、DBMS_XPLAN.DISPLAY_CURSOR です（選択肢 C は不正解）。AWR をスナップショットして保存後に確認できるのは DBMS_XPLAN.DISPLAY_AWR です（選択肢 D は不正解）。

間違えたらここを復習

→「7-1-1 適応 SQL 計画管理」

正解：B

問題4

重要度 ★★★

Oracle Database 12c のオプティマイザに関する説明として正しいものを 2 つ選択しなさい。

☐ A. 初回のハード解析時にのみ適応問合せ最適化が施行される
☐ B. 2 回目以降の同一 SQL 実行時でも適応問合せ最適化によるハード解析が施行される

121

- ☐ C. optimizer_adaptive_reporting_only=FALSE の場合に適応問合せ最適化が使用される
- ☐ D. オプティマイザ統計情報がロックされていない場合に適応計画が使用される

解説

Oracle Database 12cの適応問合せ最適化は、ハード解析時にオプティマイザが生成する実行計画をより最適なものにするための「適応計画」と「自動再最適化」の総称です。

適応計画は、初回のハード解析時に行われる最適化です。自動再最適化が2回目以降の実行時に施行されるため、同じSQL文でもハード解析が行われる可能性があります（選択肢Bは正解、選択肢Aは不正解）。

デフォルトで適応問合せ最適化による実行計画の変更が行われます。これはオプティマイザ統計情報がロックされていても行われます（選択肢Dは不正解）。

実行計画の変更を行わせないなら、optimizer_adaptive_reporting_only パラメータを TRUE にします。これによって Oracle Database 11g 以前と同様に変更されない実行計画になります（デフォルトで FALSE のため選択肢Cは正解）。

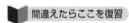
→「7-1-2　適応問合せ最適化」

正解：**B、C**

問題5　重要度 ★★★

適応計画で変更できる実行計画内操作を2つ選択しなさい。

- ☐ A. 結合方法
- ☐ B. 結合順序
- ☐ C. 問合せ変換
- ☐ D. パラレル処理の分散方法

解説

データディクショナリに保存されているオプティマイザ統計は、統計を収集した時点の情報です。そのため、現在の表データとのずれが存在すると不適切な実行計画が作成される可能性があります。動的計画は、そのようなずれから発生する実行計画ステップを微調整する機能です。初回の実行時に、統計コレクタによる行数の統計がバッファリングされ、行数がオプティマイザ統計の10倍を超えると、より適切な結合方法を選択します。

パラレル処理時のデータの配分方法には、多くのプロセスで少ない行を配分する「ブロードキャスト配分」と、少ないプロセスで多くの行を配分する「ハッシュ配分」がありますが、統計コレクタからの行数がしきい値（並列度の2倍）を超えていればハッシュ配分、下回ればブロードキャスト配分を選択します。

適応計画では、大幅な修正（結合順序の変更やスター型変換のような問合せ変換）は行いませ

ん。大幅な修正は2回目以降の実行時に行われる自動再最適化で検討されます（選択肢Bと選択肢Cは不正解）。

間違えたらここを復習
→「7-1-2　適応問合せ最適化」

正解：**A、D**

問題6　重要度 ★★★

次のコードを確認してください。

```
-- 1回目の実行
---------------------------------------------------
| Id | Operation                  | Name                |
---------------------------------------------------
|  0 | SELECT STATEMENT           |                     |
|  1 |  HASH JOIN                 |                     |
|  2 |   NESTED LOOPS             |                     |
|  3 |    INDEX FAST FULL SCAN    | ORDER_ITEMS_UK      |
|  4 |    INDEX UNIQUE SCAN       | ORDER_PK            |
|  5 |   TABLE ACCESS FULL        | PRODUCT_INFORMATION |
---------------------------------------------------

-- 2回目の実行
---------------------------------------------------
| Id | Operation                  | Name                |
---------------------------------------------------
|  0 | SELECT STATEMENT           |                     |
|  1 |  NESTED LOOPS              |                     |
|  2 |   HASH JOIN                |                     |
|  3 |    TABLE ACCESS FULL       | PRODUCT_INFORMATION |
|  4 |    INDEX FAST FULL SCAN    | ORDER_ITEMS_UK      |
|  5 |   INDEX UNIQUE SCAN        | ORDER_PK            |
---------------------------------------------------
```

　上のコードは、同じSQL文を続けて実行した結果です。異なる実行計画が生成されている理由として正しいものを選択しなさい。

○ A. optimizer_adaptive_reporting_only=TRUE に設定されているため
○ B. 適応計画によって異なる実行計画が選択された
○ C. 自動再最適化によって異なる実行計画が生成された

練習問題編

解説

実行時に収集した統計を基に行数（カーディナリティ）をメモリー上に保存しておく「統計フィードバック（Oracle Database 11.2 はカーディナリティフィードバック）」により、不適切な統計情報にともなう不適切な実行計画が、次回以降の実行時に最適な実行計画として再作成されます。

統計フィードバックによる自動再最適化は、誤った見積もりを修正するため、実行順序の変更も含む最適化が行われます（選択肢 C は正解）。

適応計画によって、初回のハード解析時にサブプランがたてられ、行数と比較した結果、よりよい結合方法が選択されますが、実行順序までは変更されません（結合順序も変更されているため選択肢 B は不正解）。

適応計画や自動再最適化は、optimizer_adaptive_reporting_only=FALSE の時に動作します。TRUE の場合は、適応問合せ最適化が無効化されます（選択肢 A は不正解）。

> **間違えたらここを復習**
> →「7-1-2　適応問合せ最適化」

正解：C ☑ ☑ ☑

問題7　重要度 ★★★

SQL 計画ディレクティブに関する説明として正しいものを 2 つ選択しなさい。

- ☐ A. SYSAUX 表領域に保存される
- ☐ B. 特定の SQL 文にのみ対応する
- ☐ C. 一定期間使用されないと自動で削除される
- ☐ D. 明示的にフラッシュする必要がある
- ☐ E. ADDM によって取得される

解説

SQL 計画ディレクティブは、自動化メンテナンスタスクや DBMS_STATS で取得するオプティマイザ統計とは別に取得される追加の統計です。Oracle Database 11g でサポートしたヒストグラムのための拡張統計（列グループ）が必要と判定されると自動的に収集され、SQL 計画ディレクティブとして保存されます。

SQL 計画ディレクティブは、列に対する拡張統計の追加情報で、特定の SQL 文ではなく、その SQL 文がアクセスしているオブジェクトへの問合せ式で保存されます。そして、同じオブジェクトにアクセスする異なる SQL 文でも再利用されます（選択肢 B は不正解）。

収集された統計情報は、メモリー（共有プール）に保存され、自動的に SYSAUX 表領域にフラッシュされます。保存された情報は、DBA_SQL_PLAN_DIRECTIVES や DBA_SQL_PLAN_DIR_OBJECTS で確認できます（選択肢 A は正解）。

7 パフォーマンス

MMONによって15分間隔でフラッシュが行われますが、DBMS_SPD.FLUSH_SQL_PLAN_DIRECTIVEプロシージャによって手動でフラッシュすることもできます（選択肢Dは不正解。ADDMも関係ないので選択肢Eは不正解）。

保存されたSQL計画ディレクティブは、使用しなければ自動で削除されます（選択肢Cは正解）。デフォルトでは53週（1年間）使用しないと自動削除されます。期間は「exec DBMS_SPD.SET_PREFS('SPD_RETENTION_WEEKS',106)」のようにプロシージャを使用して変更することができます。

間違えたらここを復習

→「7-1-3　SQL計画ディレクティブ」

正解：**A、C**

問題8　　　　　　　　　　　　　　　　　　　　　　　　　重要度 ★★★

SQL計画ディレクティブを確認するためにDBA_SQL_PLAN_DIRECTIVESを問い合わせましたが結果が格納されていません。解決方法として正しいものを選択しなさい。

○ A. 同じSQLを2回以上実行する
○ B. optimizer_dynamic_samplingパラメータを11にする
○ C. ALTER SYSTEM FLUSH SHARED_POOLを実行する
○ D. DBMS_SPD.FLUSH_SQL_PLAN_DIRECTIVEプロシージャを実行する

解説

SQL計画ディレクティブは、列グループなどの拡張統計が必要な述語を含むSQL文が実行されると自動的に収集され、同じオブジェクトを対象としたSQL文で再利用されます。DBA_SQL_PLAN_DIRECTIVESやDBA_SQL_PLAN_DIR_OBJECTSで確認できる情報は、SYSAUX表領域に保存されたSQL計画ディレクティブです。

収集されたメモリー（共有プール）のSQL計画ディレクティブは、MMONによって15分ごとにフラッシュされますが、即時にフラッシュするのであればDBMS_SPD.FLUSH_SQL_PLAN_DIRECTIVEプロシージャを実行します（選択肢Dは正解）。SQL計画ディレクティブをフラッシュする前に共有プールがフラッシュされた場合は保存されません（選択肢Cは不正解）。

常に検証／保存させるには、optimizer_dynamic_samplingパラメータを「11」に設定し、自動動的サンプリングを有効にします。「11」に設定されていない場合は、保存するべきかどうかは自動判定されます。「3」で式の検証、「4」で列グループの検証が行われます（基本は自動判定のため「11」は必須ではなく選択肢Bは不正解）。

適応問合せ最適化の自動再最適化は、同じSQL文が2回目に実行されると統計フィードバックでよりよい実行計画を選択します。同じSQL文でもSQL計画ディレクティブは使用されますが、異なるSQL文でも同じオブジェクトを対象とするなら利用できます（2回以上実行する必要はない

125

ため選択肢Aは不正解)。

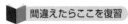
→「7-1-3 SQL計画ディレクティブ」

正解：**D**

問題9　重要度 ★★★

Oracle Database 12c で使用されるヒストグラムアーキテクチャを3つ選択しなさい。

- ☐ A. FREQUENCY
- ☐ B. HIGHT_BALANCED
- ☐ C. TOP-FREQUENCY
- ☐ D. HYBRID

解説

Oracle Database 11g以前は、ヒストグラムの保存方法として頻度（FREQUENCY）と高さ調整（HIGHT_BALANCED）を使用していましたが、Oracle Database 12cでは上位頻度（TOP-FREQUENCY）とハイブリッド（HYBRID）が追加されました。バケット数よりも列の個別値が多いときに使用されるため、基本的に高さ調整は使用されなくなります（選択肢A、選択肢C、選択肢Dは正解、選択肢Bは不正解）。

上位頻度（TOP-FREQUENCY）とハイブリッド（HYBRID）は、統計収集時のサンプルサイズとしてDBMS_STATS.AUTO_SAMPLE_SIZEを使用する必要があります。AUTO_SAMPLE_SIZE以外の場合は、従来どおり高さ調整（HIGHT_BALANCED）が使用されます。

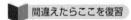
→「7-1-4 ヒストグラムの拡張」

正解：**A、C、D**

問題10　重要度 ★★★

Oracle Database 12c のヒストグラムに関する説明として正しいものを2つ選択しなさい。

- ☐ A. AUTOサンプルサイズで収集された場合にOracle Database 12cのヒストグラムが使用される
- ☐ B. 列の個別値がバケット数より少ない場合に頻度ヒストグラムまたは上位頻度ヒストグラムが使用される
- ☐ C. ハイブリッドヒストグラムではエンドポイント値だけでなくエンドポイント繰り返し件数も保存される

☐ D. ハイブリッドヒストグラムは頻度と上位頻度ヒストグラムが組み合わさったものである

解説

Oracle Database 12cのヒストグラムは、サンプルサイズ（ESTIMATE_PERCENTプリファレンス）が「DBMS_STATS.AUTO_SAMPLE_SIZE」に設定されている場合に使用されます（選択肢Aは正解）。

ヒストグラムを取得する列の個別値の数が指定したバケット数より少ない場合は、Oracle Database 11g以前と同様に、頻度（FREQUENCY）ヒストグラムが使用されます。個別値の数が多い場合は、上位頻度（TOP-FREQUENCY）とハイブリッド（HYBRID）のいずれかが使用されます（バケット数より少ないと頻度のみのため選択肢Bは不正解）。

個別値の数が多い場合、一部の個別値（ポピュラーな値）で表の大半のレコードを占めているのであれば上位頻度（TOP-FREQUENCY）が使用されます。正確には「(1-1/バケット数) × 100」の比率より大きければ上位頻度になります。比率以下ならハイブリッドになります。

ハイブリッドヒストグラムは、高さ調整と頻度ヒストグラムを組み合わせたものです（選択肢Dは不正解）。高さ調整では、バケット数が少ないと偏りの検出ができませんでしたが、ハイブリッドは少ないバケットでも偏りを検出します。高さ調整の方式である「最大値（ENDPOINT_VALUE）」を出現頻度の高い値にし、その実際の行数を「最大値行数（ENDPOINT_REPEAT_COUNT）」として保存します。また、その他の値の表現は、頻度ヒストグラム方式である「累積行数（ENDPOINT_NUMBER）」によってカバーします。少ないバケットで多くの個別値を表現します（選択肢Cは正解）。

間違えたらここを復習
→「7-1-4 ヒストグラムの拡張」

正解：**A、C**

問題 11　重要度 ★★★

次のコードを確認してください。

```
DBMS_STATS.SEED_COL_USAGE(null,null,300)
```

上記のコードで実行されている内容として正しいものを2つ選択しなさい。

☐ A. 列グループの監視が300秒間実行される
☐ B. EXPLAIN PLAN文で作成された実行計画も対象となる
☐ C. SQLチューニングセットに保存される
☐ D. 列グループの使用状況が出力される
☐ E. 列グループが必要と判定されると拡張統計が作成される

練習問題編

> **解説**

　Oracle Database 11gでサポートした拡張統計は、複数の述語が使用されている列グループや式を使用している場合に、ヒストグラムを収集するための構造です。Oracle Database 12cのSQL計画ディレクティブによって自動作成される可能性がありますが、自動列グループ検出機能を使用することで、拡張統計が必要な列を分析することもできるようになりました。

　自動列グループ検出機能は、DBMS_STATS.SEED_COL_USAGEとDBMS_STATS.REPORT_COL_USAGE、DBMS_STATS.CREATE_EXTENDED_STATSを使用します。DBMS_STATS.SEED_COL_USAGEで分析が行われます。事前にSQLチューニングセットを作成しておくのであれば最初の2つの引数（SQLSET_NAMEとOWNER_NAME）を使用します（SQLチューニングセットでシードできるが、保存されるわけではないため選択肢Cは不正解）。

　3番目のTIME_LIMIT引数のみを使用して、一定時間リアルタイムに情報収集し、分析することもできます（選択肢Aは正解）。監視中に作成された実行計画が対象になりますので、EXPLAIN PLAN文による未実行の見積もり計画も対象になります（選択肢Bは正解）。

　分析された結果は、自動出力されません。DBMS_STATS.REPORT_COL_USAGEでCLOBデータを受け取ります（自動出力ではないため選択肢Dは不正解）。分析した結果を確認し、拡張統計が必要であれば、DBMS_STATS.CREATE_EXTENDED_STATSを使用して手動で作成します（自動作成ではないため選択肢Eは不正解）。

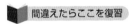
→「7-1-5　自動列グループ検出」

正解：**A、B**

問題12　　　　　　　　　　　　　　　　　　　　　　　重要度 ★★★

自動列グループ検出を行うための手順として正しいものを選択しなさい。

1. optimizer_dynamic_samplingパラメータを4以上に設定する
2. DBMS_STATS.CREATE_EXTENDED_STATS
3. DBMS_STATS.SEED_COL_USAGE
4. DBMS_STATS.REPORT_COL_USAGE
5. インスタンスを再起動する

○ A. 1、5、2、3、4
○ B. 1、2、3、4
○ C. 2、3、4
○ D. 1、5、3、4、2
○ E. 1、3、4、2
○ F. 3、4、2

解説

実際に実行されるSQLまたはSQLチューニングセットで、アクセスしている列情報から列グループを検出し、検出した列グループに拡張統計を作成するには、DBMS_STATSパッケージを次の順番で使用します。

1. ワークロードの分析 (DBMS_STATS.SEED_COL_USAGE)
2. 結果レポートの表示 (DBMS_STATS.REPORT_COL_USAGE)
3. 拡張統計の作成 (DBMS_STATS.CREATE_EXTENDED_STATS)

なお、結果レポートの表示は任意です（選択肢Fは正解、拡張統計作成は後のため選択肢Cは不正解）。

optimizer_dynamic_samplingパラメータが4以上の場合、動的サンプリングでも列グループが検討されますが、自動列グループ検出では必要ありません（選択肢Bと選択肢Eは不正解）。インスタンスの再起動も不要です（選択肢Aと選択肢Dは不正解）。

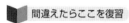

→「7-1-5　自動列グループ検出」

正解：**F**

問題 13　重要度 ★★★

バルクロードのオンライン統計収集が実行される文を2つ選択しなさい。

- □ A. BULK COLLECT INTO 句を使用したバルクバインド
- □ B. CREATE TABLE AS SELECT 文
- □ C. 空の表への APPEND またはパラレルによる INSERT INTO SELECT 文
- □ D. INSERT INTO SELECT 文

解説

バルクロードのオンライン統計収集は、対象となる表に関するオプティマイザ統計の自動収集です。CREATE TABLE AS SELECT文と空の表へのダイレクトパスによるINSERT INTO SELECT文で実行されます（選択肢Bと選択肢Cは正解）。

バルクロード（一括ロード）時に、ロード情報を使用してオプティマイザ統計が収集されるため、空の表へのロードである必要があります。

APPENDヒントやパラレル操作ではない通常のINSERT INTO SELECT文では、統計収集はされません（選択肢Dは不正解）。BULK COLLECT INTO句を使用したバルクバインドは、配列に対する一括ロードです。表に対するロードではないため関係バルクロードと関係ありません（選択肢Aは不正解）。

→「7-1-6　バルクロードのオンライン統計収集」

正解：**B、C** ☑☑☑

問題14　重要度 ★★★

バルクロードのオンライン統計収集に関する説明として正しいものを選択しなさい。

- ○ A. 表統計を収集するための追加の表スキャンを実行しなくて済むためパフォーマンスが向上する
- ○ B. 索引やヒストグラム統計も同時に収集されるため管理性が向上する
- ○ C. 既存の統計情報が上書きされないため安全性が向上する
- ○ D. すべての表でサポートされているため効率性が向上する
- ○ E. 複数パーティションでは並列に収集されるためパフォーマンスが向上する

解説

バルクロードのオンライン統計収集によって、追加の表アクセスを行うことなくオプティマイザ統計情報が収集されるため、パフォーマンスが向上します（選択肢Aは正解）。

オンライン統計収集は、表のオプティマイザ統計のみ収集され、索引やヒストグラムの統計は収集されません。バルクロード後、DBMS_STATS.GATHER_TABLE_STATSを実行します。デフォルトで欠落した統計のみを収集するので、表統計は除外されます（選択肢Bは不正解）。

バルクロードのオンライン統計収集は、CREATE TABLE AS SELECT文と空の表へのAPPENDまたはパラレルによるINSERT INTO SELECT文で行われます。既存レコードが存在する場合は、オンライン統計収集は行われません。TRUNCATEで切り捨てられた後であれば、収集が行われ、既存の統計が上書きされます（選択肢Cは不正解）。

対象がパーティション表の場合、グローバル統計（表全体に関する統計）は取得されますが、パーティションレベル統計は取得されません。「表名 PARTITION（パーティション名）」による拡張構文を使用したときは、対象パーティションレベルの統計が収集されますが、グローバル統計が収集されません（選択肢Eは不正解）。また、SYSやSYSTEMが所有する表やネストした表、索引構成表などオンライン統計収集が対象外となる表もあります（選択肢Dは不正解）。

📖 **間違えたらここを復習**

→「7-1-6　バルクロードのオンライン統計収集」

正解：**A** ☑☑☑

問題15　重要度 ★★☆

次のコードを確認してください。

```
DBMS_STATS.SET_GLOBAL_PREFS('GLOBAL_TEMP_TABLE_STATS','SESSION')
```

130

7　パフォーマンス

グローバル一時表に対する上記の設定時の動作として正しいものを選択しなさい。

- ○ A. 複数セッションから同じレコードにアクセスすることができる
- ○ B. 各セッションでセッション固有のオプティマイザ統計を収集できる
- ○ C. 現セッションからのオプティマイザ統計収集が許可される
- ○ D. 各セッションで異なる一時表領域にデータを格納できる

解説

　グローバル一時表は、一時データとはいえ「表」ですので、最適な実行計画のためにオプティマイザ統計情報を収集することもできます。Oracle Database 11g以前のグローバル一時表のオプティマイザ統計は、最後に収集されたオプティマイザ統計を全セッションで利用する必要がありました。Oracle Database 12cでは、各セッションでオプティマイザ統計を収集することができ、現セッション固有の情報を基にすることができます（選択肢Bは正解）。

　GLOBAL_TEMP_TABLE_STATS プリファレンスは、デフォルトでセッションごとの「SESSION」ですが、Oracle Database 11g以前と同様の共通オプティマイザ統計が必要であれば「SHARED」に設定することもできます。

　グローバル一時表は、永続表領域ではなく一時表領域を使用してデータを格納します。デフォルトでは、一時表を使用するユーザーのデフォルト一時表領域を使用しますが、Oracle Database 11g以降は使用する一時表領域をTABLESPACE句で明示的に指定することができます（格納表領域設定ではないため選択肢Dは不正解）。

　グローバル一時表にアクセスする各セッションは、自分で作成した一時レコードにのみアクセスができます（一時表で同じレコードへのアクセスはどうやってもできないため選択肢Aは不正解）。

　オプティマイザ統計収集は、所有者であれば、異なるセッションでも所有している一時表への統計収集を各セッションで行うことができます。異なるユーザーの場合は、一時表にデータ格納するためのDMLオブジェクト権限、統計収集のためにANALYZE ANYシステム権限が必要です（収集許可ではないため選択肢Cは不正解）。

間違えたらここを復習
→「7-1-7　グローバル一時表のセッションプライベート統計」

正解：B

問題 16　　　　　　　　　　重要度 ★★★

リアルタイム ADDM に関する説明として正しいものを2つ選択しなさい。

- ☐ A. 最新の AWR スナップショット結果を使用する
- ☐ B. 最近の ASH 結果を使用する
- ☐ C. 自動起動される可能性がある
- ☐ D. 手動起動が必要である

練習問題編

(解説)

通常のADDMはAWRスナップショットを分析しますが、リアルタイムADDMは現在のSGA（ASHバッファ）に直接アクセスして診断を行う機能です（選択肢Bは正解、選択肢Aは不正解）。

ログインできるのであれば、直接リアルタイムADDMを起動して分析を開始させることもできますが、サーバー負荷が高い時にもリアルタイムADDMは自動実行されます（選択肢Cは正解、選択肢Dは不正解）。

📖 間違えたらここを復習

→「7-2-1　緊急監視とリアルタイムADDM」

正解：B、C ☑☑☑

問題17　重要度 ★★★

データベースがハングアップしているという報告がありました。インスタンスを再起動する前に検討できる手順として適切なものを選択しなさい。

○ A. メモリーアクセスモードに変更しSGAを分析する
○ B. 変動ウィンドウベースラインを分析し原因を特定する
○ C. AWRスナップショットレポートを出力し原因を特定する
○ D. 緊急監視を使用して接続し原因を特定する

(解説)

Enterprise Manager Cloud Conrolの緊急監視は、Oracle Database 11g以前のメモリーアクセスモードのように切り替えることなく、即時に使用できるように構成されたモードです（変更不要なため選択肢Aは不正解）。サーバーがハングアップしているような状況ではインスタンスの再起動が検討されますが、その前にハングアップの原因を調査するために使用できます（選択肢Dは正解）。

緊急監視は、現在のSGAにアクセスします。共有プール内のASHバッファにアクセスして情報を出力しますので、すべての情報が保存されているとは限りませんが、ハングアップ原因となっているデッドロックセッションや待機イベントを発生させているブロッキングセッションの特定に利用できます。

ハングアップしているような状況では、SQLを使用して、AWRスナップショットや変動ウィンドウベースラインのようなディスクに保存された情報を取得することもできないので、メモリから分析することを検討します（選択肢Bと選択肢Cは不正解）。

📖 間違えたらここを復習

→「7-2-1　緊急監視とリアルタイムADDM」

正解：D ☑☑☑

132

7 パフォーマンス

問題 18 重要度 ★★★

期間比較 ADDM に関する説明として正しいものを選択しなさい。

- ○ A. 自動で結果レポートが生成される
- ○ B. 複数の AWR スナップショット結果を比較したレポートが出力される
- ○ C. 根本的な原因や解決方法がどのように異なるのかを分析できる
- ○ D. どの時点で負荷が急激に増加したのかを分析できる

解説

期間比較 ADDM は、基本期間と比較期間のそれぞれで ADDM 分析が行われ、2 つの期間内の差分が出力されます。ADDM による診断で、パフォーマンス問題の根本的な原因や推奨事項による解決方法を取得することが可能です（選択肢 C は正解）。

通常の ADDM であれば、AWR スナップショットの作成時に自動実行されますが、期間比較 ADDM はデフォルトでは実行されません。Enterprise Manager Cloud Control または DBMS_ADDM.COMPARE_DATABASES や COMPARE_INSTANCES ファンクションを使用してレポートを生成します（自動生成ではないため選択肢 A は不正解）。

Oracle Database 10gR2 でサポートした期間比較レポートは、2 つの期間の AWR レポートの差分です。分析材料にはなりますが、根本的な原因解明が手動になります（選択肢 B は期間比較レポートの特徴のため不正解）。

どの時点で負荷が急激に増加したかを分析するのは、ASH レポートの特徴です（選択肢 D は不正解）。

間違えたらここを復習

→「7-2-2　期間比較 ADDM」

正解：**C**

問題 19 重要度 ★★★

Oracle Database 12c の Enterprise Manager による ASH 分析ページの特徴として正しいものを 3 つ選択しなさい。

- ☐ A. フィルタによる対象のフィルタリング
- ☐ B. アラートによる対象のフィルタリング
- ☐ C. 任意の期間でスライダを変更して分析
- ☐ D. ADDM 結果の対応セクションへ即時にドリルダウン
- ☐ E. 特定の待機イベントへ即時にドリルダウン

133

解説

Oracle Database 12cのEnterprise Managerでは、Cloud ControlとEM ExpressいずれのASHページも使いやすくなりました。ASH分析ページ（EM Expressでは「パフォーマンスハブ」ページ）では、待機イベントなどの詳細に即時にドリルダウンすることができます（選択肢Eは正解）。また、従来は5分間のスライダしかありませんでしたが、任意の期間を分析できるようになりました（選択肢Cは正解）。フィルタを設定することで表示対象を抽出することもできるようになりました（選択肢Aは正解）。

ADDM結果へのドリルダウンやアラートページとは連動していません（選択肢B、選択肢Dは不正解）。

間違えたらここを復習
→「7-2-3　ASH分析」

正解：A、C、E

問題20　重要度 ★★★

ネットワークを圧縮する利点として正しいものを2つ選択しなさい。

- A. CPUバウンドが発生していても効率的に圧縮が行われる
- B. Oracle Net上に流れるデータ量を削減することで帯域幅の使用を削減できる
- C. 常にすべてのデータが圧縮されるためパフォーマンスが向上する
- D. 圧縮レベルを制御できるため最適な圧縮を選択することができる

解説

サーバーとクライアントのsqlnet.oraで「SQLNET.COMPRESSION=ON」が設定されている場合、Oracle Net上に流れるデータ量を削減することができます。アプリケーションを修正することなく狭帯域幅でも大量のデータ送信が可能になり、ネットワークのボトルネックを解消することができます（選択肢Bは正解）。

圧縮レベルは変更することができます。sqlnet.oraのSQLNET.COMPRESSION_LEVELSのデフォルトは「LOW」ですが、「HIGH」にすることで圧縮率を高めることができます。ただし、圧縮率を高くすると、より多くのCPUが消費されます（選択肢Dは正解）。

デフォルトの圧縮は1024バイトを超えるデータを圧縮します。sqlnet.oraのSQLNET.COMPRESSION_THRESHOLDでしきい値を変更することが可能です（しきい値の変更は可能だが、デフォルトはすべてではないため選択肢Cは不正解）。

圧縮処理にはCPUパワーが必要です。圧縮によって大量データ送信に必要なCPUは削減できますが、CPUバウンド（CPU負荷）が問題になる場合、圧縮処理に回せるCPUが少なくなる可能性があります（選択肢Aは不正解）。

7　パフォーマンス

📗 間違えたらここを復習

→「7-3-1　ネットワーク圧縮の拡張」

正解：**B、D** ☐☑☐

問題 21　　　　　　　　　　　　　　　　重要度 ★★★

　Oracle Database 12c の Oracle Net に関する説明として正しいものを 2 つ選択なさい。

☐ A. 圧縮を行うことでデータ量の削減せずにネットワークの帯域幅のボトルネックを解消できる

☐ B. 効率的な圧縮アルゴリズムを使用しているため CPU を消費せずに圧縮が行える

☐ C. 最大 2MB の SDU サイズを使用することで WAN 環境のデータ転送を効率化できる

☐ D. 最大 2MB の SDU サイズを使用することで少量のデータのデータ転送を効率化できる

解説

　ネットワークがボトルネックとされる場合、帯域幅とデータ量が問題になります。帯域幅を大きくできないときは、データ量を削減するしかありません。Oracle Net の圧縮は、アプリケーションを変更することなくデータ量を削減することで、ボトルネックを解消することができます（選択肢 A は正解）。

　圧縮レベルは変更できますが、圧縮には CPU 消費をともないます。CPU がボトルネックの場合には、圧縮することで CPU 問題が悪化する可能性があります（選択肢 B は不正解）。

　ネットワーク上の送信データは、SDU（Session Data Unit）サイズの影響を受けます。Oracle Net を LAN 環境で使用している場合はそれほど問題視されませんが、WAN 環境で使用するときに小さな SDU では処理回数が多くなるため、問題になります。Oracle Database 12c では、最大 2MB まで大きくすることが可能になりました。サーバー側とクライアント側の sqlnet.ora で「DEFAULT_SDU_SIZE」を使用して SDU サイズを調整できます（選択肢 C は正解）。

　SDU サイズのデフォルトは、8KB です。主要なメッセージサイズがこのサイズを大きく上回る場合は、SDU サイズを大きくし、分割頻度を下げることができます。ただし、大きな SDU サイズはネットワーク上の衝突が増える可能性があります。高速なネットワークや送信データ量が少ない環境では、SDU サイズを大きくするべきではありません（選択肢 D は不正解）。

📗 間違えたらここを復習

→「7-3-1　ネットワーク圧縮の拡張」

正解：**A、C** ☐☐☐

135

問題 22

次のコードを確認してください。

```
db_flash_cache_file=/dev/sdb, /dev/sdc
db_flash_cache_size=128G, 64G
```

インスタンス起動後、スマートフラッシュキャッシュを 128GB にするように指示がありました。方法として適切なものを選択しなさい。

○ A. ALTER SYSTEM SET db_flash_cache_size=128G;
○ B. ALTER SYSTEM SET db_flash_cache_size=64G,64G;
○ C. ALTER SYSTEM SET db_flash_cache_size=128G,0;
○ D. ALTER SYSTEM SET db_flash_cache_size=0,128G;

解説

スマートフラッシュキャッシュの構成は、db_flash_cache_file と db_flash_cache_size パラメータでフラッシュキャッシュを準備します。Oracle Database 12c からは、最大 16 個までのフラッシュキャッシュを構成することができます。

インスタンス起動後は、キャッシュを無効化 (0) するか、再有効化（元のサイズ）することだけが可能で、異なるサイズに設定することはできません。Oracle Database 12c より複数のキャッシュが構成できるようになったため、一部のキャッシュだけ無効化することが可能になりました。

db_flash_cache_size パラメータは、db_flash_cache_file パラメータの記述順序に連動しますので、無効化したいものだけ「0」を指定します。128GB+64GB の 192GB で設定されたフラッシュキャッシュを 128GB にするには、64GB のフラッシュキャッシュのみ無効化します（選択肢 C は正解。選択肢 A は 2 つ目を記述していないので不正解、選択肢 B のように異なるサイズはできないので不正解、選択肢 D は順序が逆なので不正解）。

📘 間違えたらここを復習
→「7-3-2　スマートフラッシュキャッシュの拡張」

正解：C

問題 23

Oracle Database 12c のスマートフラッシュキャッシュに関する説明として正しいものを 2 つ選択しなさい。

☐ A. 動的にフラッシュキャッシュの場所を変更できる
☐ B. 動的に構成サイズを変更できる

7 パフォーマンス

☐ C. 最大16か所まで構成できる
☐ D. 自動並列度が有効な場合にメモリー内パラレル問合せでも使用できる

解説

　Oracle Database 12cのスマートフラッシュキャッシュは複数の場所に構成できます。db_flash_cache_fileとdb_flash_cache_sizeパラメータで、場所とサイズを最大16か所まで順番どおりに指定することができます（選択肢Cは正解）。

　設定した場所は、後から変更することはできません（選択肢Aは不正解）。有効化と無効化を切り替えること（元のサイズと「0」）はできますが、サイズ自体を変更することはできません（選択肢Bは不正解）。

　Oracle Database 11gR2でサポートしたメモリー内パラレル問合せは、パラレル処理時のデータブロックのロードにバッファキャッシュを使用する技術です。自動並列度（parallel_degree_policy=AUTO）の場合に使用されます。Oracle Database 12cではフラッシュキャッシュも使用できるようになりました（選択肢Dは正解）。

　間違えたらここを復習
→「7-3-2　スマートフラッシュキャッシュの拡張」

正解：C、D ☐ ☐ ☐

問題 24　　　　　　　　　　　　　　　　　　　　　　　　重要度 ★★★

　マルチプロセスマルチスレッドを使用する利点を2つ選択しなさい。

☐ A. ネットワーク使用量の削減
☐ B. CPU使用率の削減
☐ C. I／Oの削減
☐ D. メモリー使用量の削減

解説

　マルチプロセスマルチスレッド（MPMT）は、サーバープロセスとバックグラウンドプロセスを独立して起動するプロセスモデルではなく、1つのプロセス内のスレッドとして動作させるスレッドモデルです。

　プロセスが起動することで必要とするメモリーは、プロセス数が減少すると削減できます（選択肢Dは正解）。またプロセス管理に必要なCPU使用率も削減します（選択肢Bは正解）。

　実際には、スレッド管理のCPUが必要なため、極端に削減されるわけではありません。しかしながらプロセス間通信よりもスレッド間通信の方が処理コストは低いため、パラレル操作におけるパフォーマンスの向上も期待できます。

　プロセスとスレッドの違いがあっても、それぞれの処理自体は変わりません。そのため、I／O使

137

練習問題編

用量やネットワーク使用量は削減されません（選択肢Aと選択肢Cは不正解）。

■ 間違えたらここを復習
→「7-3-3　マルチプロセスマルチスレッド」

正解：**B、D**

問題 25　　　　　　　　　　　　　　　　　　　　　　　重要度 ★★☆

　threaded_execution パラメータを TRUE に設定することに関する説明として正しいものを 2 つ選択しなさい。

- ☐ A. すべてのプロセスが 1 つのプロセスのスレッドとして動作する
- ☐ B. 静的初期化パラメータのためデータベースの再起動が必要
- ☐ C. OS 認証が使用できなくなる
- ☐ D. すべてのスレッドは PGA ではなく SGA を使用する
- ☐ E. デフォルトでリスナー経由の接続もスレッドが使用される

解説

　マルチプロセスマルチスレッド（MPMT）は、threaded_execution パラメータを TRUE に設定することで有効化されます。静的初期化パラメータのため、反映させるにはインスタンスを再起動する必要があります（選択肢Bは正解）。

　MPMTが有効化された環境では、OS認証を使用できません。インスタンスを再起動するときからユーザー名とパスワードを使用したパスワードファイル認証を使用します（選択肢Cは正解）。

　MPMTでは、1つのプロセスではなく、少数のプロセスを使用してスレッドモデルが実装されます（選択肢Aは不正解）。スレッドになっても、プロセスで動作しているときと処理内容は変わりません。作業領域が必要であれば、UGAを使用します。専用サーバー接続では、スレッドになってもPGA内にUGAが獲得されます。パラレル処理で使用されるプロセス間通信メモリーは、SGA（ラージプールまたは共有プール）が使用されます（PGAも使用するため選択肢Dは不正解）。

　ローカル接続時はスレッドを使用しますが、リスナーを経由したクライアント接続の場合、スレッドを使用しません。リスナー経由でもスレッドにするには、listener.oraで「DEDICATED_THROUGH_BROKER_リスナー名=on」を設定します（デフォルトではスレッドを使用しないため選択肢Eは不正解）。

■ 間違えたらここを復習
→「7-3-3　マルチプロセスマルチスレッド」

正解：**B、C**

7 パフォーマンス

問題 26 　　　　　　　　　　　　　　　　　　　　　　重要度 ★★★

一時 UNDO の利点として正しいものを 3 つ選択しなさい。

☐ A. UNDO 表領域に格納される UNDO 量が削減される
☐ B. PGA に格納される作業領域が削減される
☐ C. REDO ログの生成量が削減される
☐ D. フィジカルスタンバイデータベースのすべての表で DML 操作が可能
☐ E. フィジカルスタンバイデータベースの一時表で DML 操作が可能

解説

　グローバル一時表は、セッション中またはトランザクション中のみデータが保持され、完了後は自動的に消去されます。データ生成にともなう REDO 生成は行われないので、リカバリを目的としない一時データの保持に便利な機能です。

　データに関する REDO は生成しませんが、操作（トランザクション開始など）に関する REDO は生成されていました。一時表データ生成にともなう UNDO データは、UNDO 表領域を使用して生成されます。

　Oracle Database 12c の一時 UNDO を有効化することで、操作に関する REDO 生成が行われなくなり、REDO 生成量を削減できます（選択肢 C は正解）。一時表データ生成にともなう UNDO データは一時表領域を使用するため、UNDO 表領域の使用量も削減されます（選択肢 A は正解）。

　一時 UNDO は、REDO と UNDO に影響を与えますが、メモリー関連に影響は与えません（選択肢 B は不正解）。

　Oracle Database 11gR2 でサポートしたリアルタイム問合せ（Oracle Active Data Guard オプション）を使用したフィジカルスタンバイデータベースは、プライマリデータベースの変更を即時に反映することができます。グローバル一時表に限り、問合せだけでなく DML 操作も可能です。この操作のために一時 UNDO が必要とされており、フィジカルスタンバイでは自動で有効化されています（選択肢 E は正解。通常の表への DML はできないため選択肢 D は不正解）。

間違えたらここを復習
→「7-3-4　一時 UNDO」

正解：A、C、E ☐☐☐

問題 27 　　　　　　　　　　　　　　　　　　　　　　重要度 ★★★

次のコードを確認してください。

```
temp_undo_enabled=TRUE
```

上記のコードに関する説明として正しいものを 2 つ選択しなさい。

- □ A. インスタンスレベルでのみ変更できる
- □ B. セッションレベルでも変更できる
- □ C. フィジカルスタンバイではデフォルトで有効である
- □ D. フィジカルスタンバイではデフォルトで無効である

解説

temp_undo_enabledパラメータがTRUEの場合、一時UNDOが有効になります。セッションレベルでも有効化することができ、最初にグローバル一時表にデータ格納したとき、グローバル一時表と一時UNDOの一時セグメントが作成されます（選択肢Bは正解、選択肢Aは不正解）。

フィジカルスタンバイでは、リアルタイム問合せが有効な場合にグローバル一時表を使用したDML操作が可能です。一時UNDOを利用することで使用できる機能であるため、フィジカルスタンバイでは、一時UNDOがデフォルトで有効化されています（選択肢Cは正解、選択肢Dは不正解）。

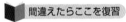

→「7-3-4 一時UNDO」

正解：B、C

問題 28

次のコードを確認してください。

```
SQL> show parameter db_securefile

NAME            TYPE        VALUE
--------------- ----------- -------------------
db_securefile   string      PREFERRED

SQL> CREATE TABLE emp(
  2    empno NUMBER(4),
  3    ename VARCHAR2(15),
  4    pict  BLOB);
```

上記のコードに関する説明として正しいものを選択しなさい。

- ○ A. 表の格納される表領域がASSMならばSecureFiles LOBとして作成される
- ○ B. 表の格納される表領域がASSMならばBasicFiles LOBとして作成される
- ○ C. SecureFiles LOBとして作成される
- ○ D. BasicFiles LOBとして作成される

7　パフォーマンス

【解説】

Oracle Database 12cのLOBセグメントは、デフォルトでSecureFiles LOBとして作成されますが、以下のSecureFiles LOBの前提を満たしている必要があります。

● SecureFiles LOB を作成できる db_securefile パラメータ値
● ASSM（自動セグメント領域管理）

Oracle Database 12cのdb_securefileパラメータ値は、デフォルトで「PREFERRED」です。明示的に「STORE AS BASICFILE」句を指定しない限り、SecureFiles LOBとして作成されます。しかし、格納される表領域がASSMでない場合は、BasicFiles LOBとして作成されます（選択肢Aが正解。条件ありのため選択肢Cは不正解）。

オプション指定なしでBasicFiles LOBが作成されるのは、NEVER、IGNORE、PERMITTEDの値の場合です（選択肢Bと選択肢Dは不正解）

■ 間違えたらここを復習
→「7-3-5　SecureFiles LOBの拡張」

正解：A

問題 29

重要度 ★★★

Oracle Database 12c の圧縮に関する説明として正しいものを2つ選択しなさい。

☐ A. 列数の制限はない
☐ B. ROW STORE COMPRESS BASIC では最大 255 列に制限される
☐ C. ROW STORE COMPRESS ADVANCED ではセグメントの縮小を実行できる
☐ D. ROW STORE COMPRESS ADVANCED はダイレクトパス操作が行われた場合のみ実行される

【解説】

Oracle Database 11gでは、COMPRESS句を使用して表圧縮の定義を行っていましたが、Oracle Database 12cでは、ROW STORE句を使用して表圧縮の定義を行います。拡張行圧縮はOracle Database 11gのOLTP圧縮と同様に、ダイレクトパスとDMLのいずれでも圧縮が行われます（選択肢Dは不正解）。

Oracle Database 11gの基本圧縮とOLTP圧縮は、最大255列までの制限がありましたが、Oracle Database 12cでは制限されません。最大列数である1000列を圧縮することも可能です（選択肢Aは正解、選択肢Bは不正解）。

セグメントの縮小（ALTER TABLE...SHRINK SPACE）は、Oracle Database 11gでは「ORA-10635: Invalid segment or tablespace type」エラーになります。しかし、Oracle Database 12cの

141

拡張行圧縮では実行できるようになりました。基本圧縮では相変わらずセグメントの縮小はエラーとなります（選択肢Cは正解）。

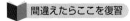
→「7-3-6　表圧縮の拡張」

正解：A、C

本章の出題頻度	
★★★★	練習問題編

8 その他

学習日		
/	/	/

本章の出題範囲は次のとおりです。

- Oracle Data Pump
  - 全体トランスポータブル
  - 表としてのエクスポートビュー
  - 暗号化パスワードのエコーなし
  - インポート時の変換オプション
- SQL*Loader
  - 新しい構文
  - エクスプレスモード
- オンラインパーティション操作
- 時間隔参照パーティション化
- 複数パーティションでのメンテナンス操作
- パーティション表の部分索引
- 非同期グローバル索引メンテナンス
- パーティションメンテナンス操作のカスケード機能
- SQL 行制限句
- 拡張データ型
- Unicode 用データベース移行アシスタント

問題1　　　　　　　　　　　　　　　　　　　　　重要度 ★★★

次のコードを確認してください。

```
SQL> SELECT tablespace_name、File_name FROM dba_data_files;

TABLESPACE_NAME FILE_NAME
--------------- -------------------------------------------------
SYSTEM          /u01/app/oracle/oradata/orcl/system01.dbf
SYSAUX          /u01/app/oracle/oradata/orcl/sysaux01.dbf
SALES01         /u01/app/oracle/oradata/orcl/sales01.dbf
USERS           /u01/app/oracle/oradata/orcl/users01.dbf
EXAMPLE         /u01/app/oracle/oradata/orcl/example01.dbf
UNDOTBS1        /u01/app/oracle/oradata/orcl/undotbs01.dbf
SALES02         /u01/app/oracle/oradata/orcl/sales02.dbf
```

143

練習問題編

```
$ expdp system DUMPFILE=full.dmp FULL=y TRANSPORTABLE=always
```

上記のコードでエクスポートされる表領域を選択しなさい。

- ○ A. SYSTEM、SYSAUX、UNDOTBS1、USERS、EXAMPLE、SALES01、SALES02
- ○ B. SYSTEM、SYSAUX、UNDOTBS1、USERS
- ○ C. USERS、EXAMPLE、SALES01、SALES02
- ○ D. EXAMPLE、SALES01、SALES02
- ○ E. SALES01、SALES02

解説

Data Pumpエクスポート時に「full=Y transportable=ALWAYS」を指定するか、Data Pumpインポートをネットワークモード（network_link=DBリンク名）で「transport_datafiles=対象ファイルリスト full=Y transportable=ALWAYS」を使用した場合は、全体トランスポータブルになります。

全体トランスポータブルは、非システム表領域をすべて対象とします。SYSTEM、SYSAUX、UNDO表領域、一時表領域は対象外です（選択肢Cは正解、選択肢Dと選択肢Eは不足しているため不正解、選択肢Aと選択肢Bはシステム系表領域を含むため不正解）。

📖 **間違えたらここを復習**
→「8-1-1 全体トランスポータブル」

正解：**C** ✓✓✓

問題2　　　　　　　　　　　　　　　　　　　　　重要度 ★★★

全体トランスポータブルに関する説明として正しいものを2つ選択しなさい。

- ☐ A. ユーザー定義表領域はすべて読み取り専用にする必要がある
- ☐ B. 異なるエンディアン形式のデータベースに転送することはできない
- ☐ C. Oracle Database 11gのデータベースをソースにする場合はVERSION=12を指定する
- ☐ D. NETWORK_LINKを使用した転送はサポートされていない

解説

全体トランスポータブルで、非システム表領域を別のデータベースに転送することができます。ただし、対象となるユーザー定義表領域は、すべて読み取り専用表領域にする必要があります（選択肢Aは正解）。

全体トランスポータブルは、表領域レベルの転送です。対象データファイルをRMANの

144

CONVERTコマンドで変換するか、DBMS_FILE_TRANSFERパッケージを使用して転送することで、異なるエンディアン形式のデータベースに転送することも可能です（選択肢Bは不正解）。

　Oracle Database 11.2.0.3以上のデータベースをソースにすることができます。Oracle Database 11gのデータベースをソースにする場合は、「version=12」を指定します（選択肢Cは正解）。

　全体トランスポータブルでもネットワークリンクを使用することは可能です。ネットワークリンクを使用する場合、読み取り専用に変更後、データファイルの配置は必要ですが、エクスポートファイルを作成せずにインポートすることができます（選択肢Dは不正解）。

■ 間違えたらここを復習
→「8-1-1　全体トランスポータブル」

正解：**A、C** ☑☑☑

問題3　　　　　　　　　　　　　　　　　　重要度 ★★★

次のコードを確認してください。

```
expdp ... view_as_tables=scott.emp
```

　上記のコードでData Pumpエクスポートが実行された場合の動作として正しいものを選択しなさい。

- ○ A. ビュー定義のみがエクスポートされデータはエクスポートされない
- ○ B. ビューでアクセスする元の表定義、データがエクスポートされる
- ○ C. インポート時は表としてインポートされる
- ○ D. インポート時は表とビューがインポートされる

8

解説

　複数の表を結合し、非正規化されたデータをエクスポートする場合、従来はData Pumpアクセスドライバを使用した外部表を使用していました。外部表のデータをインポートするには、ロードする外部表が必要なため複数のステップで実行します。Oracle Database 12cの「表としてのエクスポートビュー」は、view_as_tablesをエクスポートで指定することでビュー定義を基に表としてエクスポートが行われ、表としてのインポートが行われます（選択肢Cは正解、ビューはインポートされないため選択肢Dは不正解）。

　ビュー定義が表としてエクスポートされ、データも同時にエクスポートされます（選択肢Aは不正解。ビューの元表の定義ではないので選択肢Bは不正解）。

■ 間違えたらここを復習
→「8-1-2　表としてのエクスポートビュー」

145

練習問題編

正解：**C** ☑☑☑

問題 4

重要度 ★★★

　ビューを表としてエクスポートすることに関する説明として正しいものを 3 つ選択しなさい。

☐ A. スカラー列で構成されるビューのみが可能
☐ B. 元の表が暗号化されていればデフォルトで暗号化される
☐ C. ビューに定義された制約や権限もエクスポートされる
☐ D. ネットワークモード（NETWORK_LINK）でも使用できる

解説

　ビューの定義を表の定義に変換してエクスポートする view_as_tables オプションは、expdp と impdp のいずれも使用できるオプションです。ネットワークモード（network_link=DB リンク名）を使用した impdp でもサポートされています（選択肢 D は正解）。

　ビュー定義として有効なのは、スカラー型のみで構成されたビューです。オブジェクト型やスカラー型以外を戻すファンクションを使用した複雑なビューは、エクスポートエラーとなります（選択肢 A は正解）。

　ビューがアクセスする元の表が暗号化されていても、エクスポートデータは暗号化されません。暗号化が必要であれば、encryption などのオプションを使用してエクスポートデータを暗号化します（選択肢 B は不正解）。

　ビュー定義が表としてエクスポートされる際、データに加え、ビューに定義された制約や権限も同時にエクスポートされます（選択肢 C は正解）。権限が不要であれば「exclude=GRANT」、制約が不要であれば「exclude=CONSTRAINT,REF_CONSTRAINT」で対応します。

間違えたらここを復習
→「8-1-2　表としてのエクスポートビュー」

正解：**A、C、D** ☑☑☑

問題 5

重要度 ★★☆

　次のコードを確認してください。

```
expdp ... encryption_pwd_prompt=Y
```

　上記のコードで Data Pump エクスポートが実行された場合の動作として正しいものを選択しなさい。

8 その他

- ○ A. 暗号化アルゴリズムを選択するリストが表示される
- ○ B. 暗号化モードを選択するリストが表示される
- ○ C. 暗号化するためのパスワードを入力するプロンプトが表示される
- ○ D. 暗号化された列のみがエクスポートされる

解説

　Data Pumpエクスポートやインポートでは、Oracle Walletを使用した透過的データ暗号化、またはパスワードを使用した暗号化を行うことができます。暗号化モードはencryption_modeで設定することができます（選択肢Bは不正解）。

　パスワードを使用する場合、encryption_passwordでは直接パスワードを指定するため、プロセスを確認するpsコマンドなどで表示されてしまいます。encryption_pwd_prompt=Yを使用することで、パスワードプロンプトに対してパスワードを入力することができます。パスワードの漏えいがしにくいことから、セキュリティが向上します（選択肢Cは正解）。

　暗号化アルゴリズムは、encryption_algorithmで設定します（選択肢Aは不正解）。元の表で透過的データ暗号化で暗号化された列のみ暗号化するのは「encryption=ENCRYPTED_COLUMNS_ONLY」を指定した場合です（選択肢Dは不正解）。

■ 間違えたらここを復習

→「8-1-3　暗号化パスワードのエコーなし」

正解：C

問題6　重要度 ★★★

　エクスポート時の暗号化に関する説明として正しいものを選択しなさい。

- ○ A. encryption_pwd_prompt を使用するには透過的データ暗号化が必要である
- ○ B. encryption_pwd_prompt と encryption_password は同時に使用できない
- ○ C. encryption_pwd_prompt は実行ユーザーのパスワードが設定される

解説

　パスワードを使用してデータを暗号化したエクスポートを実行する場合、コマンドラインに直接パスワードを指定するencryption_passwordとプロンプトを表示するencryption_pwd_promptは、同時に使用することはできません。同時に指定すると「UDE-00011: parameter encryption_password is incompatible with parameter encryption_pwd_prompt」エラーとなります（選択肢Bは正解）。

　エクスポート時の暗号化は、透過的データ暗号化またはパスワードを使用することができます。encryption_pwd_promptはパスワードのためのオプションです。透過的データ暗号化が有効である必要はありません（選択肢Aは不正解）。

147

エクスポートを実行するユーザーのパスワードと、パスワードによる暗号化のためのパスワードは、同じである必要はありません。「encryption_pwd_prompt=Y」を指定してエクスポートを実行すると、ユーザー名に対するパスワードプロンプトと暗号化パスワードのプロンプトが個別に表示されます（選択肢Cは不正解）。

📖 間違えたらここを復習
→「8-1-3　暗号化パスワードのエコーなし」

正解：B

問題7　重要度 ★★★

次のコードを確認してください。

```
impdp ... transform=disable_archive_logging:Y
```

上記のコードでData Pumpインポートが実行された場合の動作として正しいものを選択しなさい。

- A. 完全にREDOログ生成がなくなる
- B. インポート完了後のセグメント属性がNOLOGGINGになる
- C. 表と索引のいずれかのみに限定して無効化することもできる
- D. FORCE LOGGINGが設定されていてもNOLOGGINGとなる

解説

データのインポート処理では、INSERT文が実行されるため、REDOログが生成されます。大量データのインポートで、リカバリを考慮しなくてよいのであれば、disable_archive_loggingでロギングを無効化します。「disable_archive_logging:Y:TABLE」や「disable_archive_logging:Y:INDEX」とすることで、表や索引のいずれかのタイプに限定することもできます（選択肢Cは正解）。

ただし、セグメントを作成するREDOは生成されます。また、FORCE LOGGINGに設定されたデータベースのロギングを無効化することはできません（選択肢Aと選択肢Dは不正解）。

NOLOGGINGの動作は、インポート中に限定されます。インポートの開始時に対象表でNOLOGGINGが設定され、インポート中のロギングが無効化されます。インポートの完了後はLOGGINGに戻されます（選択肢Bは不正解）。

📖 間違えたらここを復習
→「8-1-4　インポート時の変換オプション」

正解：C

8 その他

問題 8
重要度 ★★★

Data Pump インポート時の transform に関する説明として正しいものを2つ選択しなさい。

- ☐ A. table_compression_clause を使用するとエクスポート時点と異なる圧縮モードを設定することが可能になる
- ☐ B. table_compression_clause を設定した場合、インポート後に ALTER TABLE MOVE が必要である
- ☐ C. table_compression_clause で NONE を設定すると圧縮させなくすることができる
- ☐ D. lob_storage を設定した場合、インポート後にオンライン再定義が必要である
- ☐ E. lob_storage で db_securefile パラメータに合わせることができる

解説

Data Pump インポート時に変換オプション（transform）を使用することで、インポート時のパフォーマンスや柔軟性が向上します。

table_compression_clause は、圧縮オプションを設定できます。デフォルトではソースデータベースでの圧縮設定が使用されます。「table_compression_clause:NONE」を指定して表領域の圧縮定義を使用するほか、「table_compression_clause:COMPRESS」で基本圧縮、「table_compression_clause:\"COMPRESS FOR OLTP\"」で拡張行圧縮を設定できます（選択肢 A は正解、NONE は表領域依存のため選択肢 C は不正解）。

transform による圧縮オプションは、インポートによるデータ挿入前に表定義として設定されます。後から設定して既存レコードに反映させるための MOVE 実行は不要です（選択肢 B は不正解）。

lob_storage は、LOB アーキテクチャとして BasicFiles LOB にするか SecureFiles LOB にするかを設定できます。デフォルトはソースデータベースでの LOB アーキテクチャ（lob_storage:NO_CHANGE）が使用されます。「lob_storage:DEFAULT」を指定して db_securefile パラメータに依存させたり、「lob_storage:SECUREFILE」で SecureFiles LOB、「lob_storage:BASICFILE」で BasicFiles LOB に変換できます（選択肢 E は正解）。

transform による LOB アーキテクチャは、圧縮同様インポートによるデータ挿入前に表定義として設定されます。既存の表を手動で変更するオンライン再定義は不要です（選択肢 D は不正解）。

間違えたらここを復習
→「8-1-4　インポート時の変換オプション」

正解：A、E

問題 9
重要度 ★★★

次のコードを確認してください。

```
-- 表の定義
CREATE TABLE emp
 (empno NUMBER(4) GENERATED ALWAYS AS IDENTITY START WITH 100,
  ename VARCHAR2(10));

-- SQL*Loaderの制御ファイル
LOAD DATA
INFILE data.dat
INTO TABLE emp
(empno POSITION(1:4) INTEGER,
 ename POSITION(6:20) CHAR)

-- SQL*Loaderのデータファイル
1000 SCOTT
1001 KING
1002 SMITH
```

SQL*Loader の実行結果として正しいものを選択しなさい。

○ A. ロードエラーとなる
○ B. empno が自動生成される
○ C. empno はデータファイルのとおりにロードされる
○ D. empno はデータファイルの値に 100 ずつ加算される

解説

アイデンティティ列は、Oracle Database 12c からサポートされる連番生成データ型です。順序オブジェクトを外部から使用するのではなく、特定列に関連付けられているものです。

ALWAYSを指定した場合は、自動生成しか許可されないため、明示的に値をロードしようとするとエラーになります（選択肢 A は正解）。自動ロードに任せるには、制御ファイルで対象列を除外して記述する必要があります（empno列を設定していなければ自動生成。今回は指定しているため選択肢 B は不正解）。

BY DEFAULT を指定していたのであれば、明示的な値はそのままロード、指定なしの場合に自動生成されます（今回は ALWAYS のため選択肢 C は不正解）。

順序オブジェクトと同様に、START WITH や INCREMENTAL などのオプションをアイデンティティ列に設定することができますが、既存列値に加算するなどの動作はありません（選択肢 D は不正解）。

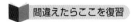
間違えたらここを復習

→「8-2-1　新しい構文」

正解：A

8 その他

問題 10
重要度 ★★★

次のコードを確認してください。

```
-- 表の定義
CREATE TABLE emp
 (empno NUMBER(4),
  ename VARCHAR2(10),
  text  CLOB);

-- SQL*Loaderの制御ファイル
LOAD DATA
INFILE data.dat "STR '$$n'"
INTO TABLE emp
FIELDS CSV WITH EMBEDDED
(empno、Ename,text)

-- SQL*Loaderのデータファイル
1000,SCOTT,Oracle
Database 12c$$n
1001,KING,Oracle Database 12c$$n
1002,SMITH,Oracle
Database 11g$$n
```

上記の制御ファイルを使用した SQL*Loader の動作に関する説明として正しいものを選択しなさい。

- ○ A. TERMINATED BY ',' 指定がないため、データ区切りが認識されず不適切なロードとなる
- ○ B. 改行が埋め込まれた CSV データが正しく認識されてロードされる
- ○ C. データ途中に改行が含まれているため、データファイルの 2 行目と 5 行目が拒否レコードとなる

解説

SQL*Loader の制御ファイルで「FIELDS CSV」を使用すると、デフォルトで「,」区切り「"」で囲まれた CSV データであることが自動判定されます。異なる記号が必要なら、明示的に TERMINATED BY 句で区切り記号、ENCLOSED BY 句で囲み記号を指定することもできます（コードはデフォルト区切りのため選択肢 A は不正解）。

WITH EMBEDDED 句または WITHOUT EMBEDDED 句を使用すると、データフィールドに埋め込まれたレコード終了記号を認識できます。デフォルトのレコード終了記号は「\n」か「\r\

151

n」による改行です。WITH EMBEDDED句で埋め込みを行う場合、改行マークでレコード終了にしないためには、INFILE句の後に「STR "'レコード終端記号'"」を指定します ("STR '$$n'" でレコード終端指定、データに含まれているため選択肢Bは正解、選択肢Cは不正解)。

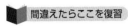

→「8-2-1 新しい構文」

正解：B ☑☑☑

問題 11　　　　　　　　　　　　　　　　　　　　　　　　　重要度 ★★★

次のコードを確認してください。

```
-- 表の定義
CREATE TABLE emp
 (empno NUMBER(4),
  ename VARCHAR2(10));

-- SQL*Loaderの制御ファイル
LOAD DATA
FIELD NAMES ALL FILES
INFILE 'data?.dat'
INTO TABLE emp
FIELDS CSV WITH EMBEDDED
(empno、Ename)

-- SQL*Loaderのデータファイル 1：data1.dat
empno、Ename
1000,SCOTT
1001,KING

-- SQL*Loaderのデータファイル 2：data2.dat
ename、Empno
SMITH,1002
ADAMS,1003

-- SQL*Loaderのデータファイル 3：data_3.dat
1004,JAMES
1005,ALLEN
```

上記の制御ファイルを使用した SQL*Loader の動作に関する説明として正しいものを選択しなさい。

- A. すべてのレコードがロードされる
- B. data1.dat の 2 レコードのみがロードされる
- C. data1.dat と data_3.dat の 4 レコードがロードされる
- D. data1.dat と data2.dat の 4 レコードがロードされる

解説

　複数のデータファイルが存在する場合、INFIILE 句を複数回指定できますが、Oracle Database 12c ではワイルドカードとして「*」と「?」を使用することができます。* は複数文字、? は 1 文字を表現します。「'data?.dat'」の場合、data1.dat と data2.dat は対象になりますが、data_3.dat は対象になりません（data_3.dat も対象に見ている選択肢 A と選択肢 C は不正解）。

　FIELD NAMES を使用することで、データファイルの 1 行目をレコードとするのか、列見出しの指示にするのかを制御することができます。ALL FILES 句が続く場合は、すべてのファイルの 1 行目が評価されます。FIRST FILE 句が続くときは、最初のファイルのみが評価されます。それぞれ IGNORE 句が続くと 1 行目を無視させることもできます。1 レコード目は、列名と対応づく順序を指示していますので、ほかのデータファイルとデータ順序が異なることも可能です。

　data2.dat は逆順に指定していますが、ALL FILES によって 1 レコード目で評価されるため、問題なくロードできます。FIRST FILE 句だった場合は、data2.dat の 1 レコード目が評価されずロードエラーになります（今回は ALL FILES 句のため選択肢 D は正解、選択肢 B は不正解）。

間違えたらここを復習
→「8-2-1　新しい構文」

正解：D

問題 12

重要度 ★★★

次のコードを確認してください。

```
$ cat emp2.dat
100,SCOTT,1000
200,KING,3000
300,ADAMS,2000

$ sqlldr scott table=emp2
```

SQL*Loader の実行結果として正しいものを 2 つ選択しなさい。

- A. 制御ファイルと control 句がないため実行エラーとなる
- B. データファイル名に「.dat」が含まれているためデータファイルが見つからず、ロードエラーとなる

練習問題編

☐ C. table=emp2.dat と指定する必要があるためロードエラーとなる
☐ D. emp2 表に 3 レコードがロードされる
☐ E. scott ユーザーに CREATE ANY DIRECTORY 権限があれば外部表でロードされる

解説

　Oracle Database 12c の SQL*Loader のエクスプレスモードを使用することで、制御ファイルを作成せずにロードすることができます。対象となるデータファイルは「表名 .dat」ファイル名でCSV データを準備します。SQL*Loader の実行時は「table= 表名」でロードを開始します（選択肢 D は正解）。

　エクスプレスモード時のデータファイル名は「.dat」である必要があります（選択肢 B は不正解）。また、table 句は「スキーマ名 . 表名」とすることはできますが、ファイル名などを指定することはできません（選択肢 C は不正解）。

　エクスプレスモードは、実行ユーザーに CREATE ANY DIRECTORY 権限があれば外部表にてロードが行われます。権限がない場合は SQL*Loader が直接使用されます（選択肢 E は正解）。

　control 句による制御ファイルの指定と、table 句によるエクスプレスモードは、同時に使用することができません。同時に指定すると「SQL*Loader-149: Control file cannot be specified with the TABLE parameter.」エラーとなります（選択肢 A は不正解）。

間違えたらここを復習
→「8-2-2　エクスプレスモード」

正解：**D、E** ✓✓✓

問題 13 　　　　　　　　　　　　　　　　　　　　　重要度 ★★★

　SQL*Loader のエクスプレスモードに関する説明として正しいものを 2 つ選択しなさい。

☐ A. 「表名 .ctl」ファイルを作成しておくこと
☐ B. CSV 形式などの区切られた文字データであること
☐ C. 対象となる表は空の表であること
☐ D. 表の列は任意のデータ型を使用できる
☐ E. 生成されるログファイルには制御ファイルと外部表を作成してロードする SQL スクリプトが出力される

解説

　エクスプレスモードは、制御ファイルを事前作成せずに、「表名 .dat」ファイルを準備して「tables=[スキーマ名 .] 表名」を指定するだけでロードできる SQL*Loader のモードです（.ctl ファイルではないため選択肢 A は不正解）。

154

作成しておくデータファイルは、区切られた文字データである必要があります。デフォルトはカンマ区切りですが、SQL*Loaderのコマンドラインオプション terminated_by と enclosed_by、optionally_enclosed_byを使用して変更することもできます（選択肢Bは正解）。

対象となる表の列は、スカラーデータ型（文字、数字、日付）のみが可能です。オブジェクト型などの複雑なデータ型を含む表の場合「SQL*Loader-805: Option NAMED TYPEs not supported by Express Mode」エラーとなります（選択肢Dは不正解）。

エクスプレスモードでのロードは、APPENDで実行されます（空の表である必要はないため選択肢Cは不正解）。ロードが完了すると、結果となるデータだけでなく、ログファイルが生成されます。ログファイルには再利用を目的とした制御ファイルや外部表を使用したロードのSQLスクリプトが含まれます（選択肢Eは正解）。

間違えたらここを復習

→「8-2-2　エクスプレスモード」

正解：**B、E**

問題14

重要度 ★★★

Oracle Database 12c の参照パーティションで使用できるパーティションタイプをすべて選択しなさい。

- ○ A. レンジ
- ○ B. レンジ、ハッシュ
- ○ C. レンジ、ハッシュ、リスト
- ○ D. レンジ、時間隔、ハッシュ、リスト

解説

参照パーティションは、親側のパーティション構成を子側で継承することでパーティションキーの重複を行うことなく構成できるパーティションタイプです。親側のパーティションタイプとして Oracle Database 11g 以前は、「レンジ、ハッシュ、リスト」のみが可能でしたが、Oracle Database 12c から「時間隔」も可能になりました（選択肢Dは正解、選択肢Cは Oracle Database 11gの構成のため不正解。選択肢Aと選択肢Bは不足しすぎて不正解）。

間違えたらここを復習

→「8-3-1　時間隔参照パーティション化」

正解：**D**

155

練習問題編

問題15 重要度 ★★★

次のコードを確認してください。

```
SQL> CREATE TABLE orders
  2   (ordNo   NUMBER(4) PRIMARY KEY,
  3    custNo  NUMBER(4),
  4    ordDate DATE)
  5  PARTITION BY RANGE(ordDate) INTERVAL(NUMTOYMINTERVAL(1,'MONTH'))
  6  STORE IN (ts01,ts02,ts03)
  7   (PARTITION ord_p1 VALUES LESS THAN(TO_DATE('20130101','YYYYMMDD')),
  8    PARTITION ord_p2 VALUES LESS THAN(TO_DATE('20140101','YYYYMMDD')));

SQL> CREATE TABLE items
  2   (ordNo   NUMBER(4) NOT NULL,
  3    prodNo NUMBER(4),
  4    qty        NUMBER(4),
  5  CONSTRAINT itemsFk FOREIGN KEY(ordNo) REFERENCES orders)
  6  PARTITION BY REFERENCE(itemsFk);

SQL> INSERT INTO orders VALUES(2,100,'2014-03-30');
SQL> INSERT INTO items VALUES(2,10,7);
SQL> INSERT INTO items VALUES(2,30,4);
```

デフォルト表領域は USERS です。INSERT の結果データが格納される表領域を選択しなさい。

- ○ A. orders と items のいずれも USERS 表領域
- ○ B. orders は STORE IN 句で指定した TS01、TS02、TS03 のいずれかの表領域、items は USERS 表領域
- ○ C. orders と items のいずれも STORE IN 句で指定した TS01、TS02、TS03 のいずれかの表領域

解説

時間隔パーティションは、格納パーティションが不足している場合に自動的にパーティションを追加します。STORE IN句であらかじめ使用する表領域をリストしておくことができます。追加されるパーティションに合わせて自動的に使用されます（STORE IN句がなければデフォルト表領域だが指定しているため選択肢Aは不正解）。

子側の表が参照パーティション化されている場合、明示的なデフォルト表領域を指定しない限り、親側と同じ表領域が使用されます（選択肢Cは正解、明示的なデフォルト表領域を指定して

156

いないため選択肢Bは不正解)。

間違えたらここを復習
→「8-3-1　時間隔参照パーティション化」

正解：C

問題 16　重要度 ★★★

オンラインでパーティション操作が可能なALTER TABLE文の句を選択しなさい。

- A. ADD PARTITION
- B. DROP PARTITION
- C. MOVE PARTITION
- D. TRUNCATE PARTITION

解説

データライフサイクル管理において、データへのアクセスパターンが変わると格納するディスクを変更することがよくあります。表を格納している表領域を変更するには、ALTER TABLE文のMOVEが便利ですが、完了するまでDML操作がブロックされるのが問題です。Oracle Database 12cのパーティション表なら、MOVE PARTITIONでONLINE句が使用できます(選択肢Cは正解)。

ほかのメンテナンス文(ADD、DROP、TRUNCATE、SPLIT、MERGEなど)は、ONLINE句を指定できません(選択肢A、選択肢B、選択肢Dは不正解)。

間違えたらここを復習
→「8-3-2　オンラインパーティション操作の拡張」

正解：C

問題 17　重要度 ★★★

次のコードを確認してください。

```
SQL> ALTER TABLE orders
  2    MOVE PARTITION ord_p1
  3    TABLESPACE lowTBS01
  4    UPDATE INDEXES ONLINE;
```

上記のコードを使用したときの動作として正しいものを2つ選択しなさい。

- A. ローカル索引のみが自動更新される
- B. ローカル索引とグローバル索引が自動更新される

練習問題編

- ☐ C. 既存レコードの ROWID は変化しない
- ☐ D. 移動中も orders 表への DML 操作が可能
- ☐ E. 移動前の orders 表へのトランザクション中はリソースビジーになる

解説

ONLINE句を指定することで、MOVE PARTITIONによる表パーティション移動中のDML操作も可能になります（選択肢Dは正解）。既存のトランザクションが存在する場合、トランザクションが完了するのを待機します。トランザクションが完了すると、パーティション移動が開始します（リソースビジーはONLINE句を指定しない場合の動作のため選択肢Eは不正解）。

MOVE PARTITIONは、新規パーティションセグメントが作成され、対象パーティション内の既存レコードが移動されます。移動にともない表レコードのROWIDも変化します（選択肢Cは不正解）。UPDATE INDEXESを指定しない場合、表レコードのROWIDが変わったことが索引に伝播されず、対象パーティションのローカル索引とグローバル索引全体がUNUSABLEになります。UPDATE INDEXES句によって索引内で参照しているROWIDも自動更新されます（選択肢Bは正解。グローバル索引も対象になるため選択肢Aは不正解）。

📖 **間違えたらここを復習**

→「8-3-2　オンラインパーティション操作の拡張」

正解：B、D ☑☑☑

問題18 重要度 ★★★

従来と同じ構文で複数のパーティションを一括でメンテナンスできる ALTER TABLE 文の句を 2 つ選択しなさい。

- ☐ A. ADD PARTITION
- ☐ B. DROP PARTITION
- ☐ C. SPLIT PARTITION
- ☐ D. MERGE PARTITION
- ☐ E. TRUNCATE PARTITION

解説

Oracle Database 12cのALTER TABLE文によるパーティションメンテナンスでは、1回のSQL文実行で複数パーティションを同時にメンテナンスすることが可能です。

従来と句は変わらず、対象パーティションを複数指定するのは、ADD PARTITION句とSPLIT PARTITION句です（選択肢Aと選択肢Cは正解）。

DROP、TRUNCATE、MERGEは、PARTITIONS句（Sが必要）を使用して操作します（選択肢B、選択肢D、選択肢Eは不正解）。

158

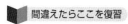
→「8-3-3 複数パーティションでのメンテナンス操作」

正解：A、C

問題 19　　　　　　　　　　　　　　　　　　　　　重要度 ★★★

次のコードを確認してください。

```
SQL> CREATE TABLE prod
  2    (prodNo    NUMBER(4),
  3     prodName VARCHAR2(20))
  4  PARTITION BY LIST(prodNo)
  5    (PARTITION prod_p1 VALUES(100,300,500),
  6     PARTITION prod_p2 VALUES(200,400),
  7     PARTITION prod_p3 VALUES(DEFAULT));

SQL> ALTER TABLE prod MERGE PARTITIONS prod_p1,prod_p2,prod_p3
  2    INTO PARTITION prod_p;
```

マージ後のパーティション状態として正しいものを選択しなさい。

○ A. すべての値リストとDEFAULTからなる1つのパーティションになる
○ B. DEFAULTのみの1つのパーティションになる
○ C. 値リストのパーティションとDEFAULTのみの2つのパーティションになる
○ D. DEFAULTが存在するためエラーとなる

解説

複数パーティションで行うメンテナンス操作は、レンジやリストパーティションで可能です。ハッシュパーティションは構文が異なるため実行できません。MERGE PARTITIONSで複数パーティションをマージすると、対象パーティション内の最上位の範囲のパーティションにまとめられます。リストパーティションのDEFAULTやレンジパーティションのMAXVALUEが存在する場合は、DEFAULTやMAXVALUEのパーティションになります（選択肢Bは正解、選択肢Dは不正解。DEFAULTはその他の値リストと一緒にはならないので選択肢Aは不正解。自動で別れることはないので選択肢Cは不正解）。

→「8-3-3 複数パーティションでのメンテナンス操作」

正解：B

練習問題編

問題 20

重要度 ★★☆

次のコードを確認してください。

```
SQL> CREATE TABLE orders
  2   (ordNo   NUMBER(4) PRIMARY KEY,
  3    custNo  NUMBER(4),
  4    ordDate DATE)
  5  PARTITION BY RANGE(ordDate)
  6   (PARTITION ord_p1 VALUES LESS THAN(TO_DATE('20120101','YYYYMMDD')),
  7    PARTITION ord_p2 VALUES LESS THAN(TO_DATE('20130101','YYYYMMDD')));

SQL> CREATE TABLE items
  2   (ordNo   NUMBER(4) NOT NULL,
  3    prodNo  NUMBER(4),
  4    qty      NUMBER(4),
  5  CONSTRAINT itemsFk FOREIGN KEY(ordNo)
  6   REFERENCES orders
  7   ON DELETE CASCADE)
  8  PARTITION BY REFERENCE(itemsFk);

SQL> ALTER TABLE orders TRUNCATE PARTITION ord_p1 CASCADE;
```

上記のコードの実行結果として正しいものを選択しなさい。

- ○ A. TRUNCATE 文に CASCADE オプションがあるため実行エラーとなる
- ○ B. orders 表パーティションのみ切り捨てされる
- ○ C. orders 表パーティションと対応する items 表パーティションが切り捨てされる
- ○ D. 親表の TRUNCATE はできない

解説

　参照整合性制約が施行されていると、親表に対する TRUNCATE 文は「ORA-02266: unique/primary keys in table referenced by enabled foreign keys」エラーとなるのが基本でした。そのため、TRUNCATE 前に制約を無効にするなどの処理が必要でした。Oracle Database 11g の参照パーティションのように、参照整合性制約が無効にできない場合は、TRUNCATE ではなく DELETE で対応するなどが必要でした（選択肢 A と選択肢 D は CASCADE 設定なしの場合の動作や説明のため不正解、選択肢 B は参照パーティションにおいてありえない動作のため不正解）。

　Oracle Database 12c の参照整合性制約が「ON DELETE CASCADE」句で宣言され、TRUNCATE 文で CASCADE を指定されている場合、親表に対する TRUNCATE が可能です。親表のセグメントと対応する子表のセグメントが TRUNCATE されます（選択肢 C は正解）。

160

8　その他

> **間違えたらここを復習**
> →「8-3-4　パーティションメンテナンス操作のカスケード機能」

正解：**C** □✓□

問題 21　　　　　　　　　　　　　　　　　重要度 ★★★

　参照パーティション表を作成している環境において、親表の表パーティションに対する
メンテナンス操作で CASCADE を指定できるものを 2 つ選択しなさい。

- ☐ A. TRUNCATE PARTITION
- ☐ B. DROP PARTITION
- ☐ C. MERGE PARTITION
- ☐ D. EXCHANGE PARTITION

解説

　親表のパーティション定義を利用する参照パーティション表では、親表に対するメンテナ
ンス操作は子表に自動伝播されます。しかし、TRUNCATE PARTITION 句と EXCHANGE
PARTITION 句は伝播できないので、Oracle Database 11g ではエラーになります。Oracle
Database 12c では、ON DELETE CASCADE 句を使用した参照整合性制約の宣言と、
CASCADE 句を追加した TRUNCATE PARTITION や EXCHANGE PARTITION であれば、
伝播できるようになりました（選択肢 A と選択肢 D は正解、選択肢 B と選択肢 C は CASCADE 句
なしで伝播しているため不正解）。

> **間違えたらここを復習**
> →「8-3-4　パーティションメンテナンス操作のカスケード機能」

正解：**A、D** □✓□

8

問題 22　　　　　　　　　　　　　　　　　重要度 ★★★

　部分索引を使用する利点として適切なものを 2 つ選択しなさい。

- ☐ A. 索引で使用する領域が減少する
- ☐ B. オプティマイザ統計情報の収集時間が短縮する
- ☐ C. 索引が使用される可能性が向上する
- ☐ D. 同じ列に複数の索引を同時に作成できるためメンテナンス性が向上する

解説

特定の表パーティションのみに索引を作成する部分索引には、対象外の表パーティションの

161

索引データは保存しません。索引用の領域が削減できます（選択肢Aは正解）。

パーティション化されたオブジェクトのオプティマイザ統計は、各パーティションの統計と全体の統計があります。部分索引では、索引が存在する索引パーティションのみで統計情報が収集されるため、収集時間が短縮されます（選択肢Bは正解）。

部分索引が作成された表パーティションで、索引が使用されるかどうかは、オプティマイザに依存します（使用される可能性もあれば使用されない可能性もあり確率が向上するわけではないため選択肢Cは不正解）。

同じ列に複数索引を作成するのは、INVISIBLE句です。部分索引でもINVISIBLEを使用することは可能ですが、目的が異なります。INVISIBLE句は削除せずに切り替えることが目的ですので多くの領域が必要です。部分索引は必要なパーティションのみに索引を配置することが目的ですので、少ない領域で格納されます（選択肢Dは不正解）

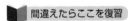

→「8-3-5 パーティション表の部分索引」

正解：A、B

問題23　重要度 ★★★

次のコードを確認してください。

```
SQL> CREATE TABLE orders
  2  (ordNo   NUMBER(5) CONSTRAINT ord_pk PRIMARY KEY,
  3   custNo  NUMBER(4),
  4   ordDate DATE)
  5  INDEXING OFF
  6  PARTITION BY RANGE(ordDate)
  7  (PARTITION ord_p1 VALUES LESS THAN
  8    (TO_DATE('20110101','YYYYMMDD')),
  9   PARTITION ord_p2 VALUES LESS THAN
 10    (TO_DATE('20120101','YYYYMMDD')),
 11   PARTITION ord_p3 VALUES LESS THAN
 12    (TO_DATE('20130101','YYYYMMDD')) INDEXING ON,
 13   PARTITION ord_p4 VALUES LESS THAN
 14    (TO_DATE('20140101','YYYYMMDD')) INDEXING ON);

SQL> CREATE INDEX orders_ordDate_idx ON orders(ordDate)
  2  LOCAL INDEXING PARTIAL;
```

作成された索引に関する説明として正しいものを2つ選択しなさい。

- ☐ A. ord_p1 と ord_p2 に部分索引が作成される
- ☐ B. ord_p3 と ord_p4 に部分索引が作成される
- ☐ C. ord_p1 と ord_p2 に対応する索引パーティションは UNUSABLE になる
- ☐ D. ord_p3 と ord_p4 に対応する索引パーティションは UNUSABLE になる
- ☐ E. すべての索引パーティションは USABLE である

解説

部分索引は、必要な表パーティションのデータのみに索引を作成する機能です。パーティション表の定義において、部分索引を作成するパーティションで「INDEXING ON」を指定します。デフォルトとして「INDEXING OFF」を設定しておけば、索引が不要なパーティションで索引が作成されなくなります（選択肢Bは正解、選択肢Aは不正解）。

部分索引でローカル索引を作成すると、INDEXING ONの表パーティションに対応する索引はUSABLE、その他（INDEXING OFF）の表パーティションに対応する索引はUNUSABLEになります（選択肢Cは正解、選択肢Dは不正解）。

グローバル索引の場合は、対応する表パーティション内のレコードのみ参照しますので、すべての索引パーティションがUSABLEになります（選択肢Eはグローバル索引の説明になるため不正解）。

間違えたらここを復習
→「8-3-5　パーティション表の部分索引」

正解：B、C

問題 24

次のコードを確認してください。

```
SQL> SELECT table_name,partition_name,indexing
  2  FROM user_tab_partitions WHERE table_name='ORDERS';

TABLE_NAME PARTITION_NAME   INDEXING
---------- ---------------  --------
ORDERS     ORD_P4           ON
ORDERS     ORD_P3           ON
ORDERS     ORD_P2           OFF
ORDERS     ORD_P1           OFF

SQL> SELECT index_name,status,indexing FROM user_indexes
  2  WHERE index_name IN
  3    ('ORDERS_CUSTNO_GIDX','ORDERS_ORDDATE_IDX','ORD_PK');
```

```
INDEX_NAME            STATUS        INDEXING
-----------------     ------------  --------
ORDERS_ORDDATE_IDX    N/A           PARTIAL
ORDERS_CUSTNO_GIDX    N/A           PARTIAL
ORD_PK                VALID         FULL
```

部分索引を選択しなさい。

○ A. ORD_PK 索引
○ B. ORDERS_ORDDATE_IDX 索引
○ C. ORDERS_CUSTNO_GIDX 索引
○ D. ORDERS_ORDDATE_IDX 索引と ORDERS_CUSTNO_GIDX 索引
○ E. ORD_PK 索引、ORDERS_ORDDATE_IDX 索引、ORDERS_CUSTNO_GIDX 索引

解説

部分索引は、索引を作成したい表パーティションにINDEXING ON句を設定し、索引を作成するときにINDEXING PARTIAL句を設定することで作成されます。

表パーティションの定義は、USER_TAB_PARTITIONSビューのINDEXING列で確認できます。索引が部分索引なのか全体索引なのかは、DBA_INDEXESビューのINDEXING列で確認できます。INDEXING列がPARTIALであれば部分索引です（選択肢Dは正解）。

間違えたらここを復習
→「8-3-5　パーティション表の部分索引」

正解：**D**

問題 25 重要度 ★★★

次のコードを確認してください。

```
SQL> ALTER TABLE orders TRUNCATE PARTITION ord_p1 UPDATE INDEXES;
SQL> ALTER TABLE orders DROP PARTITION ord_p1 UPDATE INDEXES;
```

Oracle Database 12c の動作として正しいものを選択しなさい。

○ A. メタデータと索引レコードが同時に削除される
○ B. メタデータのみが即時に削除され、ローカル索引とグローバル索引の索引レコードは後からクリーンアップされる
○ C. メタデータとローカル索引が即時に削除され、グローバル索引の索引レコードは後からクリーンアップされる
○ D. メタデータとグローバル索引が即時に削除され、ローカル索引の索引パーティションは後からクリーンアップされる

8 その他

解説

　表パーティションのメンテナンス操作時にUPDATE INDEXES句を使用することで、対応するローカル索引とグローバル索引も同時に更新されます。表パーティションのTRUNCATEとDROPが行われると、対応するローカル索引の索引パーティションも同時に削除されます。グローバル索引は対応する索引エントリが削除されます。

　UPDATE INDEXES句で後から索引の再構築が不要になりますが、同時に更新される負荷がかかります。Oracle Database 12cからは、データディクショナリ内のメタデータのみを更新し、実際の索引パーティションや索引エントリの更新は後からクリーンアップします。ローカル索引は対象パーティションが限定されているため、従来どおり即時更新されます。グローバル索引の索引エントリが後から削除されます（選択肢Cは正解、選択肢AはOracle Database 11g以前の動作のため不正解、ローカル索引は即時のため選択肢Bと選択肢Dは不正解）。

間違えたらここを復習

→「8-3-6　非同期グローバル索引メンテナンス」

正解：C ☑☑☑

問題 26　　　重要度 ★★★

　グローバル索引に対する索引メンテナンスを実行する方法として正しいものを4つ選択しなさい。

- ☐ A. PMO_DEFERRED_GIDX_MAINT_JOB ジョブ
- ☐ B. 自動化メンテナンスタスクジョブ
- ☐ C. DBMS_PART.CLEANUP_GIDX プロシージャ
- ☐ D. ALTER INDEX 文の REBUILD PARTITION 句
- ☐ E. ALTER INDEX 文の COALESCE CLEANUP 句

8

解説

　UPDATE INDEXES句を使用して、パーティション表に対するDROP PARTITION句とTRUNCATE PARTITION句が実行されると、グローバル索引のディクショナリ定義のみが更新され、グローバル索引内のデータはそのまま残されています。後から行われるクリーンアップは、自動ジョブと手動コマンドで行います。

　自動ジョブは、PMO_DEFERRED_GIDX_MAINT_JOBスケジューラジョブが作成されています。デフォルトでは毎日2時に起動するように構成されています（選択肢Aは正解、自動化メンテナンスタスクではないので選択肢Bは不正解）。

　手動で実行する場合は、DBMS_PART.CLEANUP_GIDXプロシージャを実行します（選択肢Cは正解）。または、パーティション索引であればREBUILD PARTITION句、非パーティション索引であればCOALESCE CLEANUP句を使用したALTER INDEX文でも実行が可能です

165

（選択肢Dと選択肢Eは正解）。

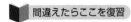
→「8-3-6　非同期グローバル索引メンテナンス」

正解：**A、C、D、E**

問題 27

重要度 ★★★

SQL 行制限句に関する説明として正しいものを 2 つ選択しなさい。

- □ A. 自動的にソートして結果が戻される
- □ B. PERCENT による行の割合を指定することができる
- □ C. サンプリングされた行を戻すことができる
- □ D. OFFSET によるスキップする行数を指定することができる

解説

　SQL 行制限句を使用すると、問合せ結果として戻す行を制限することができます。FETCH FIRSTで最初の行を戻すだけでなく、OFFSETでスキップ後に戻すこともできます（選択肢Dは正解）。戻す行の制限では、行数だけでなく、PERCENTによる割合の指定も可能です（選択肢Bは正解）。

　ソートした結果を基にするには、ORDER BY句を使用して明示的にソートする必要があります（選択肢Aは不正解）。サンプリングした結果を使用するには、SAMPLE句を使用して明示的にサンプリングする必要があります（選択肢Cは不正解）。

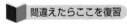
→「8-4-1　SQL行制限句」

正解：**B、D**

問題 28

重要度 ★★★

次のコードを確認してください。

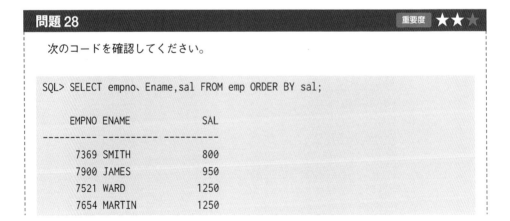

8 その他

```
        7934 MILLER            1300
        7844 TURNER            1500
        7499 ALLEN             1600
        7782 CLARK             2450
        7698 BLAKE             2850
        7566 JONES             2975
        7902 FORD              3000
        7839 KING              5000

SQL> SELECT empno、Ename,sal FROM emp ORDER BY sal
  2  OFFSET 5 ROWS FETCH NEXT 3 ROWS ONLY;
```

上記のコードによって戻される結果を選択しなさい。

○ A.
```
    EMPNO ENAME             SAL
---------- ---------- ----------
      7369 SMITH             800
      7900 JAMES             950
      7521 WARD             1250
```
○ B.
```
    EMPNO ENAME             SAL
---------- ---------- ----------
      7654 MARTIN           1250
      7934 MILLER           1300
      7844 TURNER           1500
```
○ C.
```
    EMPNO ENAME             SAL
---------- ---------- ----------
      7844 TURNER           1500
      7499 ALLEN            1600
      7782 CLARK            2450
```
○ D.
```
    EMPNO ENAME             SAL
---------- ---------- ----------
      7654 MARTIN           1250
      7934 MILLER           1300
      7844 TURNER           1500
      7499 ALLEN            1600
      7782 CLARK            2450
```

167

　FETCH...ROWS ONLYを使用するSQL行制限句は、SELECT結果として戻される行を制限します。OFFSETは、指定した行数より後を戻すことを指示します。FETCH FIRSTとFETCH NEXTはどちらを使ってもよいですが、戻される行数を指定します。「OFFSET 5」と「FETCH NEXT 3」によって、6行目から9行目が戻ります（選択肢Cが正解）。

　最初の3行が戻されるのは、「FETCH FIRST 3 ROWS ONLY」を指定した場合です（選択肢Aは不正解）。4行目から6行目が戻るのは、「OFFSET 3 ROWS FETCH NEXT 3 ROWS ONLY」です（選択肢Bは不正解）。4行目から9行目が戻るのは「OFFSET 3 ROWS FETCH NEXT 5 ROWS ONLY」です（選択肢Dは不正解）。

> 間違えたらここを復習
> →「8-4-1　SQL行制限句」

正解：C

問題29　重要度 ★★★

32767バイトのVARCHAR2型を使用する方法として正しい説明を2つ選択しなさい。

- □ A. max_string_sizeパラメータをEXTENDEDにする
- □ B. 標準でサポートしている
- □ C. Oracleソフトウェアをmakeする
- □ D. utl32k.sqlを実行する
- □ E. 4000バイトを超えるためサポートされない

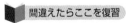

　デフォルトのVARCHAR2／NVARCHAR2、RAWデータ型は、それぞれ4000バイト、2000バイトが最大サイズです。拡張文字データを有効にすることで最大32767バイトまで扱うことが可能になります（デフォルトではないため選択肢Bは不正解、サポートはしているため選択肢Eは不正解）。

　拡張文字データを扱うには、max_string_sizeパラメータをEXTENDEDに設定し、UPGRADEモードのインスタンスでutl32k.sqlの再コンパイルを実行します（選択肢Aと選択肢Dは正解、makeはしないので選択肢Cは不正解）。

> 間違えたらここを復習
> →「8-4-2　最大サイズ制限の緩和」

正解：A、D

8　その他

問題 30

重要度 ★★★

拡張文字データに関する説明として正しいものを2つ選択しなさい。

☐ A. 新規に作成する表のみ使用できる
☐ B. 拡張文字データ列のある表には索引を作成することができない
☐ C. 有効化後は無効化に戻せない
☐ D. 常に表内に格納される
☐ E. 4000バイトを超えるデータは表外に格納される

解説

拡張文字データは、max_string_sizeパラメータをEXTENDEDに設定したデータベースにおいて、最大32767バイトまでの文字データを扱うことのできる機能です。

EXTENDEDで有効化されると、STANDARDに戻すことはできません。STANDARDに変更しようとすると「ORA-14693: The MAX_STRING_SIZE parameter must be EXTENDED.」エラーになります（選択肢Cは正解）。

新規表でも、既存表に列追加でも、既存列の変更でも、最大32767バイトまでを指定することができます（選択肢Aは不正解）。ただし、索引はブロックを連鎖することができないため、32767バイトを使用した列に索引を作成したり、索引が作成済みの列の列サイズを大きくしようとすると「ORA-01404: ALTER COLUMN will make an index too large」のようなエラーになります（拡張データ列が存在しても索引自体の作成がエラーではないため選択肢Bは不正解）。

拡張データ列では、4000バイト以下のデータは表内に格納され、4000バイトを超える場合は表外（LOB）に格納されます（選択肢Eは正解、選択肢Dは不正解）。

間違えたらここを復習
→「8-4-2　最大サイズ制限の緩和」

正解：**C、E**

8

問題 31

重要度 ★★★

Oracle Database 12c のデータベースのキャラクタセットを Unicode に変更する方法として適切なものを選択しなさい。

○ A. ALTER DATABASE CHARACTER SET 文を使用する
○ B. Oracle Database Migration Assistant for Unicode（DMU）を使用する
○ C. CSALTER スクリプトを使用する
○ D. CSSCAN ユーティリティを使用する

169

練習問題編

解説

データベースのキャラクタセットをUnicodeに変更する場合、新規のデータベースを作成して
データのみエクスポート／インポートすることはできますが、現在のデータベースを直接変更する
のであれば、Oracle Database Migration Assistant for Unicode（DMU）が簡単です。DMUは、
Oracle Database 10.2.0.4、11.1.0.7、11.2.0.1、12.0.1.1以上のデータベースで使用できます（選
択肢Bは正解）。

DMUは、GUIのJavaアプリケーションです。情報収集から実際のキャラクタセットの変換ま
で、ウィザード形式で進めることができます。

キャラクタセットの変更に、ALTER DATABASE CHARACTER SET文は推奨されませ
ん（DMUの内部で使用しているが、直接使用は非推奨のため選択肢Aは不正解）。Oracle
Database 11g以前のデータベースでは、CSSCANユーティリティで情報収集、CLATERスクリ
プトでキャラクタセットの変換を行いましたが、Oracle Database 12cでは非推奨（存在しない）に
なりました（選択肢Cと選択肢Dは不正解）。

📖 間違えたらここを復習
→「8-5　Unicode用データベース移行アシスタント」

正解：B ☑☑☑

問題 32　　　　　　　　　　　　　　　　　　　　　　重要度 ★★★

Oracle Database Migration Assistant for Unicode（DMU）に関する説明として正しい
ものを2つ選択しなさい。

☐ A. データベース全体をスキャンする必要がある
☐ B. データベースを READ ONLY にしておく必要がある
☐ C. スキャンによって変換が必要な列やデータが制限を超過するかどうかを確認できる
☐ D. 変換によって問題となるデータを編集することができる

解説

Oracle Database Migration Assistant for Unicode（DMU）は、データベースのキャラクタセッ
トをUnicodeに変更する場合に使用するJavaアプリケーションです。対象となるデータベースで、
スキャン、クレンジング、変換をステップ形式で実行できます。

データベースのスキャンでは、現在のデータを分析します。データベース全体を分析すること
も、一部の表に限定することもできます。変換後、元の値と異なるか、列やデータ型の制限に収
まるかなどが分析されます（選択肢Cは正解、全体である必要はないため選択肢Aは不正解）。

データのクレンジングでは、問題となるデータの編集が行えます。クレンジングエディタがありま
すので、データを表示させ、変更することができます（選択肢Dは正解）。

データベースの変換を開始すると、データベースが制限モード（RESTRICTED）になり、キャ

8 その他

ラクタセットの変換が行われます。既存セッションが存在すると、キャラクタセット変更が失敗に
なりますが、再開することもできます（READ ONLYではなくREAD WRITEで開始する必要があ
るため選択肢Bは不正解）。

■ 間違えたらここを復習
→「8-5　Unicode用データベース移行アシスタント」

正解：**C、D**

8

171

索引

A

ACTIONS オプション	70, 71
ACTIVE_SESS_POOL_PI	118
ADAMS	63
ADD_POLICY	85
ADDM	132
ADD PARTITION 句	158
ADMIN USER 句	17
ADO ポリシー	53, 58
AFTER LOGON トリガー	24
AFTER SETUP トリガー	24
AFTER STARTUP トリガー	24
ALL	25
ALL_xxx ビュー	15
ALL FILES 句	153
ALTER_POLICY	85, 89
ALTER DATABASE BACKUP CONTROLEFILE TO TRACE 文	41
ALTER DATABASE BACKUP 文	41
ALTER DATABASE FLASHBACK ON	47
ALTER DATABASE MOVE DATAFILE 文	105, 106
ALTER DATABASE RECOVER コマンド	76
ALTER INDEX 文	165
ALTER PLUGGABLE DATABASE BACKUP 文	41
ALTER PLUGGABLE DATABASE 文	33
ALTER SESSION SET CONTAINER	20
ALWAYS	150
ANALYZE ANY システム権限	131
APPEND	155
ASH 分析ページ	134
ASM	52
AS SYSBACKUP	76
AUDIT_ADMIN ロール	70
AUDIT_VIEWER ロール	70
AUDIT ANY 権限	70
AUDIT POLICY 文	74
AUDIT SYSTEM 権限	70
AUDIT 文	73
AUXILIARY DESTINATION	93

B

BACKUP	76
BACKUP DATABASE 文	39, 40
BACKUP PLUGGABLE DATABASE 文	38, 39
BACKUP TABLESPACE 文	38
BasicFiles LOB	141, 149
BEGIN BACKUP	76
BEQUEATH_CURRENT_USER	83
BEQUEATH 句	83
BOTH	28
BULK COLLECT INTO 句	129
BY DEFAULT	150
BY 句	74

C

CDB	6, 10
〜のアップグレード	18
〜の起動	23
〜への接続	20
CDB$ROOT	6, 38
CDB_xxx ビュー	15
CDB リソース計画	112, 113, 114
CLEAN_AUDIT_TRAIL プロシージャ	75
CLOSE	27
CLOSE IMMEDIATE 句	26
Cloud Control	1, 22
COALESCE CLEANUP 句	165
column_name	89
COMPARE_INSTANCES ファンクション	133
CON_ID	22
CON_UID	22
CONNECT	17
CONTAINER=ALL	29, 34, 35
CONTAINER=CURRENT	29, 34
CONVERT コマンド	145
COPY	15

CREATE_CAPTURE 78

CREATE_PURGE_JOB プロシージャ 75

CREATE AUDIT POLICY 文 70, 71, 73, 74

CREATE PLUGGABLE DATABASE 文 17, 18

CREATE TABLE AS SELECT 文 129, 130

CREATE USER 権限 34

D

Database Configuration Assistant 4

DATAPUMP DESTINATION 93

Data Pump インポート 148, 149

Data Pump エクスポート 144, 145, 147

db_flash_cache_file パラメータ 136, 137

db_flash_cash_size パラメータ 136, 137

db_securefile パラメータ 141

DBA_CDB_RSRC_PLAN_DIRECTIVES ビュー
.... 115

DBA_USED_xxx ビュー 81

DBA_xxx ビュー 5

DBA 接続 5

DBA ナビゲータ 5

DBCA 4, 10, 13

DBID 22

DBMS_ADDM.COMPARE_DATABASES 133

DBMS_AUDIT_MGMY.SET_AUDIT_TRAIL_
PROPERTY プロシージャ 68

DBMS_FILE_TRANSFER パッケージ 145

DBMS_FLASHBACK_ARCHIVE.ENABLE_AT_
VALID_TIME プロシージャ 64

DBMS_FLASHBACK_ARCHIVE.GET_SYS_
CONTEXT ファンクション 66

DBMS_FLASHBACK_ARCHIVE.SET_
CENTEXT_LEVEL プロシージャ 66

DBMS_ILM.ARCHIVESTATENAME ファンク
ション 60

DBMS_ILM.EXECUTE_ILM_TASK プロシージャ
.... 56

DBMS_ILM_ADMIN.CLEAR_HEAT_MAP_ALL
プロシージャ 57

DBMS_ILM_ADMIN.CUSTOMIZE_ILM プロシー
ジャ 54, 56

DBMS_ILM_ADMIN.DISABLE_ILM プロシー
ジャ 57

DBMS_PART.CLEANUP_GIDX プロシージャ
.... 165

DBMS_PRIVILEGE_CAPTURE.CREATE_
CAPTURE 80

DBMS_PRIVILEGE_CAPTURE.GENERATE_
RESULT プロシージャ 81

DBMS_PRIVILEGE_CAPTURE パッケージ
.... 78, 79, 80

DBMS_REDACT.MODIFY_COLUMN アクショ
ン 89

DBMS_REDACT パッケージ 85

DBMS_REDEFINITION.CONS_VPD_AUTO
.... 103

DBMS_REDEFINITION.CONS_VPD_MANUAL
.... 103

DBMS_REDEFINITION.CONS_VPD_NONE
.... 103

DBMS_REDEFINITION.FINISH_REDEF_TABLE
.... 103

DBMS_RESOURCE_MANAGER.CREATE_
CDB_PLAN 115

DBMS_RESOURCE_MANAGER.SWITCH_
PLAN 116

DBMS_RESOURCE_MANAGER パッケージ
.... 114

DBMS_SCHEDULER 116

DBMS_SERVICE パッケージ 22

DBMS_SPD.FLUSH_SQL_PLAN_DIRECTIVE
プロシージャ 125

DBMS_SPM.EVOLVE_SQL_PLAN_BASELINE
プロシージャ 119

DBMS_SPM.REPORT_AUTO_EVOLVE_TASK
ファンクション 120

DBMS_SQL_MONITOR.BEGIN_OPERATION
.... 109, 110

DBMS_STATS.AUTO_SAMPLE_SIZE
.... 126, 127

DBMS_STATS.CREATE_EXTENDED_STATS
.... 128, 129

DBMS_STATS.GATHER_TABLE_STATS 130

DBMS_STATS.REPORT_COL_USAGE
.... 128, 129

DBMS_STATS.SEED_COL_USAGE 128, 129

DBMS_XDB_CONFIG.setHTTPPort 4

DBMS_XDB_CONFIG.setHTTPsPort 4

DBMS_XPLAN.DISPLAY_AWR 121

DBMS_XPLAN.DISPLAY_CURSOR 121

173

索引

DBMS_XPLAN.DISPLAY_SQL_PLAN_
　BASELINE.. 121
DBPITR.. 46
DBS_SQL_PLAN_DIR_OBJECTS....... 124, 125
DBS_SQL_PLAN_DIRECTIVES........... 124, 125
DBS_UNUSED_xxx ビュー............................ 81
DDL ログ 111
DEDICATED_THROUGH_BROKER_ リスナー名
　=on 138
DEFAULT_MAINTENANCE_PLAN.............. 114
DEFAULT_SDU_SIZE................................. 135
DEFAULT TABLESPACE 句 31
DELETE ALL INPUT.................................... 40
DESCRIBE 90
DGMGRL 77
disable_archive_logging............................ 148
DISABLE_CAPTURE 79
dispatchers パラメータ 4
DMU.. 170
DROP_CAPTURE プロシージャ 79
DROP AUDIT POLICY 文 75
DROP PARTITION 句 161, 165
DROP PLUGGABLE DATABASE 文 19
DUMP FILE... 93
DUPLICATE 文.. 97

E

EM Express 1
EM Express サーブレット............................... 3
ENABLE_CAPTURE 79
enable_ddl_logging パラメータ 111
enable_pluggable_database=TRUE.............. 98
enable_pluggable_database パラメータ
　... 10, 12
ENABLE PLUGGABLE DATABASE 句..... 10, 12
ENCLOSED BY 句 151
encryption_algorithm 147
encryption_mode.. 147
encryption_password 147
encryption_pwd_prompt.............................. 147
END BACKUP 76
ENDPOINT_NUMBER 127
ENDPOINT_REPEAT_COUNT 127
ENDPOINT_VALUE..................................... 127
ESTIMATE_PERCENT プリファレンス......... 127

EVALUATE PER INSTANCE 72
EVALUATE PER SESSION 72
EVALUATE 句... 72
EXCEPT 句 74
EXCHANGE PARTITION 句 161
EXEMPT REDACTION POLICY システム権限
　.. 85
EXTENDED 168, 169

F

FDA 65, 66
FETCH FIRST 166, 168
FETCH NEXT 168
FIELD CSV 151
FIELD NAMES 153
FILE_NAME_CONVERT 句 11, 17
FIRST FILE 句 153
FORCE LOGGING....................................... 148
FORCE 句 26
FROM ACTIVE DATABASE 句 98
function_parameters.................................... 86

G

G_ROLE_AND_CONTEXT タイプ................. 80
GENERATE_RESULT プロシージャ 79
GLOBAL_TEMP_TABLE_STATS プリファレンス
　.. 131
GLOBAL_UID 66
GRANT_PATH 81
GUID 22

H

HCC 52
heat_map パラメータ 49, 50
HOST 66
HYBRID.. 126, 127

I

IGNORE 句 153
INCLUDING DATAFILES 句 19
INDEXING ON 句 163, 164
INDEXING PARTIAL 句................................ 164
INFILE 句 153
INHERIT PRIVILEGE 権限...................... 82, 83
INSERT INTO SELECT 文 129, 130

174

INVISIBLE 句....... 100, 101, 102, 162, 163, 164

K

KEEP... 106
KEEP DATAFILES 句..................................... 19

L

lob_storage 149
LOB アーキテクチャ 149
log.xml ファイル... 112
LOG_ONLY.. 118

M

MAX_IDLE_TIME 118
max_string_size パラメータ 168, 169
max_utilization_limit 116
MEMORY 28
MERGE PARTITIONS 句 159
MMON 56
MONITOR 109
MOVE PARTITION 157, 158
MPMT 137, 138

N

NO_MONITOR 109
NO ACCESS 56
NOAUDIT POLICY 文.. 75
NOCOPY.. 15
NOLOGGING 148
NO MODIFYCATION...................................... 56
noncdb_to_pdb.sql 16
NO ROW ARCHIVAL 句 59
NOTABLEIMPORT.. 93
NVARCHAR2.. 168

O

OFFSET.. 166, 168
OMA.. 1
ON DELETE CASCADE 160, 161
ONLINE 句.................................. 104, 157, 158
OPEN 27
OPEN MIGRATE ステータス........................... 18
OPTIMIZE DATA 句 65
optimizer_adaptive_reporting_only パラメータ
.... 122

optimizer_capture_sql_pla_baseline=TRUE
.... 119
optimizer_dynamic_sampling パラメータ
.... 125, 129
ORA$AUTOTASK 115
ORA$DEFAULT_PDB_DIRECTIVE 115
ORA_ACCOUNT_MGMT 74
ORA_ARCHIVE_STATE 列..................... 58, 59
ORA_DATABASE_PARAMETER 74
ORA_SECURECONFIG 74
Oracle Application Security 機能.................... 84
Oracle Clusterware 22
Oracle Data Masking 機能............................ 84
Oracle Ennterprise Manager Database Express
.... 1
Oracle GoldenGate....................................... 52
Oracle Management Agent 1
Oracle Net 22, 135
Oracle Restart 22
Oracle Wallet 147
ORDER BY 句.. 166
OWNER_NAME.. 128

P

parallel_degree_policy=AUTO 137
parallel_server_limit ディレクティブ
.... 113, 114, 115
parallel_target_percentage........................... 116
PCD リソース計画.. 117
PDB 7, 9
　～のオープン....................................... 25, 27
　～のクローズ....................................... 25, 26
　～の削除 19
　～の初期化パラメータ 28
PDB$SEED 7
PDB_DBA ロール... 17
pdb_file_name_convert パラメータ 11, 12
PDB_SPFILE$ 表 28, 29
PDB PITR... 46
PERCENT... 166
PERIOD FOR 句....................................... 62, 63
PITR... 46
PLUGGABLE DATABASE 句 98
PLUS ARCHIVELOG.................................... 40

175

索引

PMO_DEFERRED_GIDX_MAINT_JOB スケ
　ジューラジョブ 165
Poin-in-time リカバリ 46
PREFERRED 141

R

READ ONLY 24, 25, 27, 34
READ WRITE.............................. 24, 25, 34
REBUILD PARTITION 句 165
RECOVER 76
RECOVER TABLE 文.................................. 93
REDACTION_POLICIES ビュー 85
REDO 生成.. 139
REDO ログ.. 91
REDO ロググループ 30
regexp_pattern 8
regexp_replace_string................................. 88
REMAP TABLE 93
REMAP TABLESPACE............................... 93
RENAME GLOBAL_NAME 句 23
RESETLOGS 43, 47
resource_manager_plan パラメータ 116
RESTORE.. 76
RESTRICTED 24, 27
REUSE 106
RMAN 76, 90
ROLE_NAME_LIST ファンクション 80
ROW ARCHIVAL VISIBILITY セッションパラメー
　タ 60
ROW ARCHIVAL 句 58
ROW STORE COMPRESS ADVANCED........ 54
ROW STORE 句....................................... 141

S

SAMPLE 句.. 166
SCOPE... 28
SCOPE=BOTH.. 29
SCOTT 63
SECTION SIZE 句 97
SecureFiles LOB................................ 141, 149
SEED FILE_NAME_CONVERT 句.................. 11
SERVICE_NAME 66
servive_names パラメータ............................ 22
SESSION_USERID 66
SET COLINVISIBLE 101

SET CONTAINER 権限 34
SET ENCRYPTION 文 97
SGA キュー... 68
Share.. 116
share ディレクティブ 113, 114, 115
show log コマンド...................................... 112
SHUTDOWN 25
SHUTDOWN ABORT................................... 26
SHUTDOWN IMMEDIATE 26
SHUTDOWN NORMAL 26
SHUTDOWN TRANSACTIONAL.................... 26
SNAPSHOT TIME 句................................... 99
SPFILE 28
SPLIT PARTITION 句................................. 158
SQL*Loader.................................... 151, 154
SQL Developer 5
SQLNET.COMPRESSION_LEVELS............. 134
SQLNET.COMPRESSION_THRESHOLD 134
sqlnet.ora 134, 135
SQLSET_NAME.. 128
SQL 行制限句.. 166
SQL 計画管理... 121
SQL 計画ディレクティブ 124, 125
sql 接頭辞 90
SQL チューニングアドバイザ 2
Srvctl 22
STANDARD 169
STARTUP 25
STORAGE 句 18
STORE AS BASICFILE 句 141
STORE IN 句... 156
SWITCH_ELAPSED_TIME 118
SWITCH_IO_LOGICAL 118
SYS_AUTO_SPM_EVOLVE_TASK 120
SYS_CONTEXT 66
SYS_FBA_CONTEXT_AUD 表...................... 66
SYSAUX 表領域 30, 44
SYSBACKUP 権限 76
SYSDG 権限 77
SYSKM 権限 78
SYSTEM 表領域 30, 44, 45

T

tablecompression_clause 149
temp_undo_enabled パラメータ.................. 140

176

索引

TERMINATED BY 句 151	
threaded_execution パラメータ 138	
TOP-FREQUENCY 126, 127	
TO RESTORE POINT.................................. 93	
TRANCATE PARTITION 句 161, 165	
Transform 149	
TSPITR.. 46, 91	
TYPICAL... 66	

U

UNDO TABLESPACE 句................................ 12
UNDO 表領域................................. 30, 31, 44
UNIFIED_AUDIT_SGA_QUEUE_SIZE パラメー
　タ 68
UNIFIED_AUDIT_TRAIL ビュー 69
Unified Auditing 69
UNTIL SCN 93
UNTIL SEQUENCE...................................... 93
UNTIL TIME.. 93
UPDATE_CDB_AUTOTASK_DIRECTIVE プロ
　シージャ 114
UPDATE_CDB_PLAN_DIRECTIVE プロシージャ
　.. 114
UPDATE_FULL_REDACTION_VALUES プロシー
　ジャ.. 86
UPDATE INDEXES 句.......................... 158, 165
UPGRADE モード 18
USER_DATA 句.. 31
USER_xxx ビュー... 15
USING BACKUPSET.............................. 96, 97
USING COMPRESSED BACKUPSET..... 96, 97
utilization_limit ディレクティブ..... 113, 114, 115
utl3k.sql... 168

V

V$OPTION ビュー.. 69
V$PARAMETER ビューISPDB_MODOFIABLE 列
　.. 28
V$SQL_MONITOR ビュー 110
V$SYSTEM_PARAMETER ビュー................... 28
VARCHAR2 168
view_as_tables 145, 146
VISIBLE 句.. 100, 102
VPD.. 103

W

WE8ISO8859P1 16
WE8MSWIN1252 16
WHENEVER NOT SUCCESSFUL 句 74
WHENEVER SUCCESSFUL 句 74
WHEN 句 72
WITH EMBEDDED 句................................. 151
WITHOUT EMBEDDED 句.......................... 151

X

XML DB..3

あ

アーカイブバックアップ................................. 61
アイデンティティ列 150
アクティブなデータベース複製..................... 97
圧縮ポリシー 53, 54, 55, 56, 58
アップグレード... 18
暗号化 147

い

一時 UNDO 139, 140
移動ポリシー...............................53, 54, 56
イメージコピー.. 95

え

エクスプレスモード 154
エクスポートビュー 145, 146

お

オブジェクト名... 36
オブジェクトリンク 37
オプティマイザ統計 122
オンラインデータファイル移動............. 105, 106
オンラインバックアップ................................ 41

か

拡張行圧縮 52, 141
拡張モード 13
拡張文字データ................................. 168, 169
仮想プライベートデータベース機能 84
監査ポリシー 73
監査レコード... 68

177

索引

き

期間比較 ADDM	133
キャラクタセット	16, 170
共通ユーザー	33, 34, 35
共通ロール	36
緊急監視	132

く

クローニング	17, 18
グローバル UID	22
グローバル一時表	131
グローバル索引	165
クロスプラットフォームデータ転送	94, 95

け

権限分析	78, 79

こ

混在監査モード	73
コンテナ	6
コンテナ UID	22
コンテナデータベース	6

さ

参照整合性制約	160
参照パーティション	155

し

シード PDB	6, 11
時間隔	155
時間隔パーティション	156
しきい値	118
時制有効性	51, 61, 63
自動再最適化	122, 123, 124
自動診断リポジトリ	27
自動ストレージ管理	52
自動データ最適化	49, 50, 52
自動展開タスク	120
自動列グループ検出機能	128, 129
初期化パラメータファイル	28

す

スキーマ名	36
スナップショット	99
スパーセット	16

せ

スマートフラッシュキャッシュ	136, 137
正規表現リダクション	88
制御ファイル	30, 39
〜の再作成	41
静的 SQL	82
接続	20
全体トランスポータブル	144, 145

そ

増分バックアップ	94

て

データディクショナリ	37
データディクショナリビュー	15
データのクレンジング	170
データファイル障害	45
データベース ID	22
データベース内アーカイブ	51, 59, 61
データベースのスキャン	170
適応計画	122, 123, 124
適応問合せ最適化	122
デフォルト一時表領域	32
デフォルト永続表領域	31, 32

と

統計フィードバック	124
統合監査	51, 67, 68, 70
統合監査モード	73
動的 SQL	82
動的サービス登録	21
トランザクション時間ディメンション	64

ね

ネットワーク圧縮	134

は

ハイブリッドカラム圧縮のアーカイブモード	61
ハイブリッドヒストグラム	127
パスワードファイル認証	78
パスワードを使用した暗号化	147
バックアップ	38, 39, 40
バックアップセット	95, 96
ハッシュ配分	122

索引

パフォーマンスハブ 2
バルクロードのオンライン統計収集 129, 130

ひ

非 CDB 13, 15, 16
ヒートマップ...50
ヒストグラムアーキテクチャ 26
表リカバリ 91, 92, 93
表領域..30
表領域転送...95

ふ

フィジカルスタンバイ 139, 140
部分索引 162
フラッシュバックデータアーカイブ
....61, 63, 65, 66
フラッシュバックデータベース.................. 15, 47
フラッシュバックテーブル 91
フラッシュバック問合せ 63
フラッシュバックドロップ 91
フラッシュバックバージョン問合せ 63
ブロードキャスト配分.....................................122

ほ

補助インスタンス 92

ま

マージ
　複数パーティションの〜 159
マルチセクションバックアップ.......................93
マルチテナント..6
マルチテナントアーキテクチャ.....................6, 8
マルチプロセスマルチスレッド............. 137, 138

め

メタデータリンク 37
メモリー内パラレル問合せ 137
メンテナンスウィンドウ....................................56

ゆ

有効期間ディメンション............................62, 64

り

リアルタイム ADDM....................................132
リアルタイム SQL 監視..................................108

リアルタイムデータベース操作監視
.... 108, 109, 110
リカバリ 42, 43
リソースマネージャ 116, 118
リダクション 84, 85
リダクションポリシー 85

る

ルートコンテナ............................... 6, 11, 30, 40
　〜への接続 20

れ

列圧縮..52

ろ

ローカル索引.. 165
ローカルユーザー 33
ローカルロール..36
ロール管理 36
ロールバック 43
ロールフォワード 43

わ

ワイルドカード... 153

179

著者プロフィール

代田 佳子（しろた よしこ）

Oracle認定講師。Oracleの認定コースを最も多く取得した講師として活躍。数多くのセミナーを実施するかたわら、Oracleコース開発に携わる。翔泳社のオラクルマスター教科書シリーズなど、雑誌執筆、著書多数。Oracle9i ／ 10g ／ 11g Oracle Certified Master（OCM）、10g ／ 11g RAC Expert、Performance Tuning Certified Expert、Security Certified Implementation Specialistの保有者でもある。

本書の制作協力者
林 優子（株式会社 システム・テクノロジー・アイ）

装　　丁　　　坂井 正規（志岐デザイン事務所）
編集・DTP　　株式会社 トップスタジオ

［ワイド版］オラクルマスター教科書
Gold Oracle Database 12c Upgrade［新機能］
練習問題編

2016年1月1日　初版 第1刷発行（オンデマンド印刷版 ver.1.0）

著　　者　　　株式会社 システム・テクノロジー・アイ 代田 佳子
発 行 人　　　佐々木 幹夫
発 行 所　　　株式会社 翔泳社（http://www.shoeisha.co.jp）
印刷・製本　　大日本印刷株式会社

©2014 System Technology-i Co., Ltd.

本書は著作権法上の保護を受けています。本書の一部または全部について（ソフトウェアおよびプログラムを含む）、株式会社 翔泳社から文書による許諾を得ずに、いかなる方法においても無断で複写、複製することは禁じられています。

本書は『オラクルマスター教科書Gold Oracle Database 12c Upgrade[新機能]編』（ISBN978-4-7981-3817-6）を底本として、その一部を抜出し作成しました。記載内容は底本発行時のものです。底本再現のためオンデマンド版としては不要な情報を含んでいる場合があります。また、底本とは異なる表記・表現の場合があります。予めご了承ください。

本書内容へのお問い合わせについては、iiページの記載内容をお読みください。

乱丁・落丁はお取り替えいたします。03-5362-3705までご連絡ください。

ISBN978-4-7981-4598-3　　　　　　　　　　　　　　　　Printed in Japan